国家基本职业培训包（指南包 课程包）

园林绿化工

人力资源社会保障部职业能力建设司编制

中国劳动社会保障出版社

图书在版编目（CIP）数据

园林绿化工 / 人力资源社会保障部职业能力建设司编制. -- 北京：中国劳动社会保障出版社，2021

国家基本职业培训包：指南包　课程包

ISBN 978-7-5167-5159-6

Ⅰ.①园…　Ⅱ.①人…　Ⅲ.①园林 – 绿化 – 职业培训 – 教材　Ⅳ.①S73

中国版本图书馆 CIP 数据核字（2021）第 249307 号

中国劳动社会保障出版社出版发行

（北京市惠新东街 1 号　邮政编码：100029）

*

三河市华骏印务包装有限公司印刷装订　新华书店经销

880 毫米 ×1230 毫米　16 开本　7.25 印张　127 千字

2021 年 12 月第 1 版　2021 年 12 月第 1 次印刷

定价：23.00 元

读者服务部电话：（010）64929211/84209101/64921644

营销中心电话：（010）64962347

出版社网址：http://www.class.com.cn

版权专有　侵权必究

如有印装差错，请与本社联系调换：（010）81211666

我社将与版权执法机关配合，大力打击盗印、销售和使用盗版图书活动，敬请广大读者协助举报，经查实将给予举报者奖励。

举报电话：（010）64954652

编 制 说 明

为全面贯彻落实习近平总书记对技能人才工作的重要指示精神，进一步增强职业技能培训针对性和有效性，不断提高培训质量，培养壮大创新型、应用型、技能型人才队伍，按照《人力资源社会保障部办公厅关于推进职业培训包工作的通知》（人社厅发〔2016〕162号）的工作安排，我部持续组织开发培训需求量大的国家基本职业培训包，指导开发地方（行业）特色职业培训包，力争全面建立国家基本职业培训包制度，普遍应用职业培训包高质量开展各类职业培训。

职业培训包开发工作是新时期职业培训领域的一项重要基础性工作，旨在形成以综合职业能力培养为核心、以技能水平评价为导向，实现职业培训全过程管理的职业技能培训体系，这对于进一步提高培训质量，加强职业培训规范化、科学化管理，促进职业培训与就业需求的有效衔接，推行终身职业培训制度具有积极的作用。

国家基本职业培训包由指南包、课程包和资源包三个子包构成，是集培养目标、培训要求、培训内容、课程规范、考核大纲、教学资源等为一体的职业培训资源总和，是职业培训机构对劳动者开展政府补贴职业培训服务的工作规范和指南。

国家基本职业培训包遵循《职业培训包开发技术规程（试行）》的要求，依据国家职业技能标准和企业岗位技术规范，结合新经济、新产业、新职业发

编制说明

展编制，力求客观反映现阶段本职业（工种）的技术水平、对从业人员的要求和职业培训教学规律。

《国家基本职业培训包（指南包　课程包）——园林绿化工》是在各有关专家的共同努力下完成的。参加编审的主要人员有奉树成、严巍、白稼铭、何国庆、朱春玲、朱苗青、王瑛、潘建萍、江铭、褚伟良、高志洁、王本耀、朱春刚、杨瑞卿、罗雨薇、吕雄伟、陈宪章、戴咏梅、李铭、钱又宇、傅徽楠、姚士才、樊丽娟、吴毓仪、夏莹、余欢荣等，在编制过程中得到了上海市绿化管理指导站、上海市绿化和市容管理局、上海市职业技能鉴定中心、杭州市园林文物局、南京市绿化园林局、北京市园林科学研究院、广州市林业和园林科学研究院等有关单位的大力支持，在此一并致谢。

人力资源社会保障部职业能力建设司

国家基本职业培训包编审委员会

主　任　刘　康

副主任　张　斌　王晓君　袁　芳　葛　玮

委　员　田　丰　项声闻　尚　涛　葛恒双
　　　　蔡　兵　赵　欢　吕红文

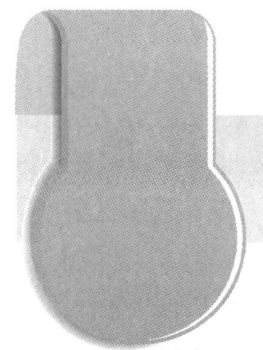

目 录

1 指南包

1.1 职业培训包使用指南 …………………………………………………… 002
    1.1.1 职业培训包结构与内容 ………………………………………… 002
    1.1.2 培训课程体系介绍 ……………………………………………… 003
    1.1.3 培训课程选择指导 ……………………………………………… 010

1.2 职业指南 ………………………………………………………………… 011
    1.2.1 职业描述 ………………………………………………………… 011
    1.2.2 职业培训对象 …………………………………………………… 011
    1.2.3 就业前景 ………………………………………………………… 011

1.3 培训机构设置指南 ……………………………………………………… 011
    1.3.1 师资配备要求 …………………………………………………… 011
    1.3.2 培训场所设备配置要求 ………………………………………… 012
    1.3.3 教学资料配备要求 ……………………………………………… 016
    1.3.4 管理人员配备要求 ……………………………………………… 016
    1.3.5 管理制度要求 …………………………………………………… 017

2 课程包

2.1 培训要求 ………………………………………………………………… 020
    2.1.1 职业基本素质培训要求 ………………………………………… 020
    2.1.2 五级/初级工职业技能培训要求 ……………………………… 022

目录

  2.1.3 四级/中级工职业技能培训要求 …………………………………………… 024
  2.1.4 三级/高级工职业技能培训要求 …………………………………………… 026
  2.1.5 二级/技师职业技能培训要求 ……………………………………………… 028
  2.1.6 一级/高级技师职业技能培训要求 ………………………………………… 031

2.2 课程规范 …………………………………………………………………………… 033
  2.2.1 职业基本素质培训课程规范 ………………………………………………… 033
  2.2.2 五级/初级工职业技能培训课程规范 ……………………………………… 039
  2.2.3 四级/中级工职业技能培训课程规范 ……………………………………… 043
  2.2.4 三级/高级工职业技能培训课程规范 ……………………………………… 047
  2.2.5 二级/技师职业技能培训课程规范 ………………………………………… 052
  2.2.6 一级/高级技师职业技能培训课程规范 …………………………………… 057
  2.2.7 培训建议中培训方法说明 …………………………………………………… 061

2.3 考核规范 …………………………………………………………………………… 062
  2.3.1 职业基本素质培训考核规范 ………………………………………………… 062
  2.3.2 五级/初级工职业技能培训理论知识考核规范 …………………………… 063
  2.3.3 五级/初级工职业技能培训操作技能考核规范 …………………………… 064
  2.3.4 四级/中级工职业技能培训理论知识考核规范 …………………………… 065
  2.3.5 四级/中级工职业技能培训操作技能考核规范 …………………………… 066
  2.3.6 三级/高级工职业技能培训理论知识考核规范 …………………………… 067
  2.3.7 三级/高级工职业技能培训操作技能考核规范 …………………………… 069
  2.3.8 二级/技师职业技能培训理论知识考核规范 ……………………………… 070
  2.3.9 二级/技师职业技能培训操作技能考核规范 ……………………………… 071
  2.3.10 一级/高级技师职业技能培训理论知识考核规范 ……………………… 073
  2.3.11 一级/高级技师职业技能培训操作技能考核规范 ……………………… 074

附录 培训要求与课程规范对照表

附录1 职业基本素质培训要求与课程规范对照表 ………………………………… 076
附录2 五级/初级工职业技能培训要求与课程规范对照表 ……………………… 083
附录3 四级/中级工职业技能培训要求与课程规范对照表 ……………………… 088
附录4 三级/高级工职业技能培训要求与课程规范对照表 ……………………… 092
附录5 二级/技师职业技能培训要求与课程规范对照表 ………………………… 098
附录6 一级/高级技师职业技能培训要求与课程规范对照表 …………………… 103

1 指南包

1.1 职业培训包使用指南

1.1.1 职业培训包结构与内容

园林绿化工职业培训包由指南包、课程包、资源包三个子包构成，结构如图1所示。

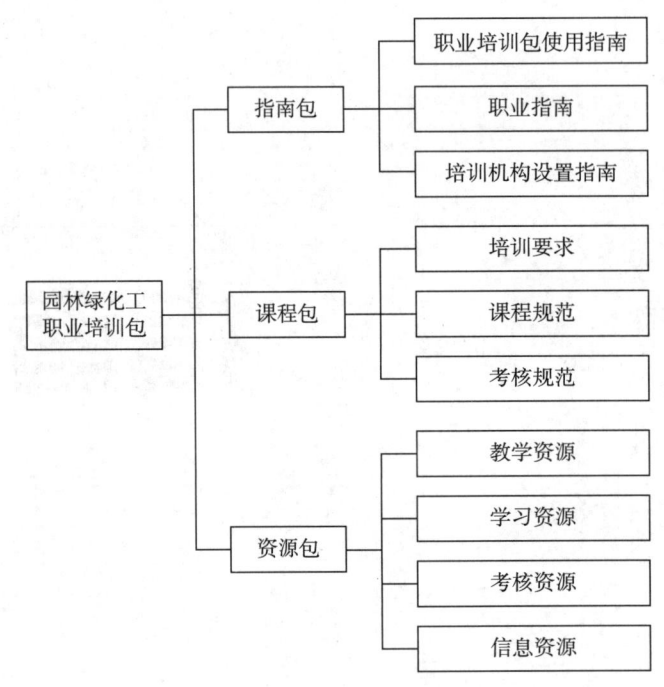

图1 职业培训包结构图

指南包是指导培训机构、培训教师与学员开展职业培训的服务性内容总和，包括职业培训包使用指南、职业指南和培训机构设置指南。职业培训包使用指南是培训教师与学员了解职业培训包内容、选择培训课程、使用培训资源的说明性文本；职业指南是对职业信息的概述；培训机构设置指南是对培训机构开展职业培训提出的具体要求。

课程包是培训机构与教师实施职业培训、培训学员接受职业培训必须遵守的规范总和，包括培训要求、课程规范、考核规范。培训要求是参照国家职业技能标准、结合职业岗位工作实际需求制定的职业培训规范；课程规范是依据培训要求、结合职业培训教学规律，对课程内容、培训方法、课堂学时等所做的统一规定；考核规范是针对课程规范中所规定的课程内容开发的，能够科学评价培训学员过程性学习效果与终结性培训成果的规则，是客观衡量培训学员职业基本素质与职业技能水平的标准，也是实施职业培训过程性与终结性考核的依据。

资源包是依据课程包要求，基于培训学员特征，遵循职业培训教学规律，应用先进职业培训课程理念而开发的多媒介、多形式的职业培训与考核资源总和，包括教学资源、学习资源、考核资源和信息资源。教学资源是为培训教师组织实施职业培训教学活动提供的相关资源，学习资源是为培训学员学习职业培训课程提供的相关资源，考核资源是为培训机构和教师实施职业培训考核提供的相关资源，信息资源是为培训教师和学员拓展视野提供的体现科技进步、职业发展的相关动态资源。

1.1.2 培训课程体系介绍

园林绿化工职业培训课程体系依据职业技能等级分为职业基本素质培训课程、五级/初级工职业技能培训课程、四级/中级工职业技能培训课程、三级/高级工职业技能培训课程、二级/技师职业技能培训课程、一级/高级技师职业技能培训课程，每一类课程包含模块、课程和学习单元三个层级。园林绿化工职业培训课程体系均源自本职业培训包课程包中的课程规范，以学习单元为基础，形成职业层次清晰、内容丰富的"培训课程超市"。

园林绿化工职业培训课程学时分配一览表

职业技能等级	课堂学时		其他学时	培训总学时
	职业基本素质培训课程	职业技能培训课程		
五级/初级工	40	128	32	200
四级/中级工	32	136	32	200
三级/高级工	24	156	40	220
二级/技师	16	168	56	240
一级/高级技师	8	176	56	240

注：课堂学时是指培训机构开展的理论课程教学及实操课程教学的建议最低学时数。除课堂学时外，培训总学时还应包括岗位实习、现场观摩、自学自练等其他学时。

(1) 职业基本素质培训课程

模块	课程	学习单元	课堂学时
1. 职业认知和职业道德	1-1 职业认知	职业认知	1
	1-2 职业道德	职业道德	1
	1-3 职业守则	职业守则	1
2. 园林绿化基础知识	2-1 园林绿化概论	园林绿化概论	1
	2-2 园林美学	园林美学	1
	2-3 植物及分类	植物及分类	2
	2-4 植物生理	植物生理	2
	2-5 植物生态	植物生态	2
	2-6 植物栽培和繁育	植物栽培和繁育	1
3. 园林绿化专业知识	3-1 园林绿化设计	园林绿地设计基础	4
	3-2 园林绿化施工	（1）园林绿化施工内容和质量要求	1
		（2）园林绿化施工图	1
		（3）整地和土壤改良基础	1
		（4）施工测量放样基础	1
		（5）园林植物栽植和栽植后管理基础	3
		（6）园林绿化施工工具、机具、台账和档案管理	1
	3-3 园林绿化养护	（1）园林绿化养护内容和质量要求	1
		（2）松土、除草、切边、覆盖基础	1
		（3）园林植物水肥管理基础	1
		（4）园林植物修剪基础	1
		（5）园林植物保护基础	1
		（6）古树名木养护基础	1
		（7）园林植物防护基础	1
		（8）园林绿化养护工具、机具、台账和档案管理	1

续表

模块	课程	学习单元	课堂学时
4．园林绿化安全生产知识	4-1 安全生产一般知识	安全生产一般知识	1
	4-2 园林绿化施工、养护安全知识	园林绿化施工、养护安全知识	1
	4-3 农药、肥料、化学药品安全使用和保管知识	农药、肥料、化学药品安全使用和保管知识	1
	4-4 工具、机具、机械设备安全使用和维护知识	工具、机具、机械设备安全使用和维护知识	1
5．相关法律、法规、标准知识	5-1 法律知识	法律知识	1
	5-2 法规知识	法规知识	1
	5-3 标准知识	标准知识	1
	5-4 其他知识	技术文件和管理办法	1
课堂学时合计			40

注：本表所列为五级/初级工职业基本素质培训课程，其他等级职业基本素质培训课程按"园林绿化工职业培训课程学时分配一览表"中相应的课堂学时要求进行必要的调整。

（2）五级/初级工职业技能培训课程

模块	课程	学习单元	课堂学时
1．园林绿化识别和植物繁育	1-1 植物识别和应用	（1）园林树木识别	8
		（2）园林花卉识别	8
	1-2 有害生物识别	（1）园林害虫识别	4
		（2）园林病害识别	4
		（3）常见杂草识别	4
	1-3 植物繁育	（1）播种繁殖	4
		（2）分生繁殖	4
2．园林绿化设计和施工	2-1 整地和土壤改良	（1）场地粗平整	4
		（2）整地工具维护	4
	2-2 园林绿化施工	（1）小灌木栽植	8
		（2）草坪铺植	4
		（3）地被植物栽植	8

续表

模块	课程	学习单元	课堂学时
3. 园林绿化养护	3-1 松土、除草、切边和覆盖	松土、除草、切边和覆盖	8
	3-2 灌溉和排水	灌溉、排水作业及设施维护	8
	3-3 施肥	施肥作业	8
	3-4 修剪	（1）绿篱、球类植物、草坪和草本花卉修剪	12
		（2）修剪工具和机具维护	8
	3-5 植物保护	（1）绿地病虫害踏查	4
		（2）药剂配制和喷施	4
	3-6 防灾减灾和树木补植	树木防护	12
课堂学时合计			128

（3）四级/中级工职业技能培训课程

模块	课程	学习单元	课堂学时
1. 园林绿化识别和植物繁育	1-1 植物识别和应用	（1）园林树木识别	8
		（2）园林花卉识别	8
	1-2 有害生物识别	（1）园林害虫识别	4
		（2）园林病害识别	4
	1-3 植物繁育	（1）扦插繁殖	8
		（2）压条繁殖	
2. 园林绿化设计和施工	2-1 园林绿化设计应用	设计图例识别	12
	2-2 整地和土壤改良	（1）土壤酸碱性快速检测和判定	4
		（2）场地细平整	4
		（3）土壤消毒	4
	2-3 施工测量放样	园林绿化种植放样	8
	2-4 园林绿化施工	（1）大灌木和小乔木栽植	16
		（2）垂直绿化植物栽植	4
		（3）花坛植物栽植	8

续表

模块	课程	学习单元	课堂学时
3．园林绿化养护	3-1 灌溉和排水	灌溉管理	4
	3-2 施肥	施肥管理	4
	3-3 修剪	园林植物修剪	16
	3-4 植物保护	（1）打药机具、物理防治器具使用和维护	4
		（2）病虫害防治效果调查	4
	3-5 防灾减灾和树木补植	树木防腐和补洞	8
4．技术管理和培训	4-1 园林绿化养护管理	（1）日常养护工作组织安排	2
		（2）养护内业资料填写	2
课堂学时合计			136

（4）三级／高级工职业技能培训课程

模块	课程	学习单元	课堂学时
1．园林绿化识别和植物繁育	1-1 植物识别和应用	（1）园林树木识别	8
		（2）园林花卉识别	8
	1-2 有害生物识别	园林有害生物识别	8
	1-3 植物繁育	嫁接繁殖	8
2．园林绿化设计和施工	2-1 园林绿化设计应用	园林绿地种植设计调查草测	16
	2-2 整地和土壤改良	（1）土壤改良	4
		（2）土方造型	4
	2-3 施工测量放样	园林绿化施工放样测量	8
	2-4 园林绿化施工	（1）乔木移植	8
		（2）水生植物栽植	4
		（3）竹类栽植	4
		（4）花境植物栽植	8
3．园林绿化养护	3-1 灌溉和排水	灌溉、排水设施管理和操作	4
	3-2 施肥	园林植物缺素症状识别和治疗	4
	3-3 修剪	植物修剪和艺术造型	16
	3-4 植物保护	植物保护	8
	3-5 树木和古树名木保护与复壮	古树名木常规养护	4
	3-6 防灾减灾和树木补植	树木补植计划和方案编制	4

续表

模块	课程	学习单元	课堂学时
4．技术管理和培训	4-1 园林绿化施工管理	（1）园林绿化施工图纸会审	4
		（2）园林绿化施工技术核定	4
		（3）园林绿化施工日志填写	4
	4-2 园林绿化养护管理	（1）绿化养护年度月历编制	4
		（2）养护内业资料收集、归档和数据采集	2
		（3）养护工作执行进度监督和检查	2
	4-3 技术总结和培训	（1）园林绿化技术培养	8
		（2）园林绿化技术总结和培训指导	
课堂学时合计			156

（5）二级／技师职业技能培训课程

模块	课程	学习单元	课堂学时
1．园林绿化识别和植物繁育	1-1 植物识别和应用	园林植物配置应用	16
	1-2 有害生物识别	园林有害生物诊断	8
2．园林绿化设计和施工	2-1 园林绿化设计应用	园林绿地景点调整种植设计	28
	2-2 整地和土壤改良	常规土壤改良方案编制	4
	2-3 施工测量放样	园林绿化施工放样复测和验线	8
	2-4 园林绿化施工	（1）较复杂（大型）绿化工程施工组织和技术指导	4
		（2）施工质量控制	4
		（3）施工环境控制	2
		（4）施工职业健康安全控制	2
		（5）绿化工程质量验收	4
3．园林绿化养护	3-1 灌溉和排水	灌溉系统布设	4
	3-2 施肥	特殊条件（植物）施肥方案编制	4
	3-3 修剪	特殊用途、生长特性和生长环境造型树木整形修剪和更新复壮	8
	3-4 植物保护	区域有害生物监测	4
	3-5 树木和古树名木保护与复壮	（1）古树名木常规保护方案编制	4
		（2）衰老树复壮	4
	3-6 防灾减灾和树木补植	苗木防治自然灾害技术方案编制	4

续表

模块	课程	学习单元	课堂学时
4．技术管理和培训	4-1 园林绿化施工管理	（1）园林绿化工程投标文件编制	4
		（2）园林绿化工程预算书编制	4
		（3）非季节施工专项方案编制	4
		（4）盐碱地施工专项方案编制	4
		（5）施工组织设计方案编制	8
	4-2 园林绿化养护管理	（1）绿地整体养护管理方案编制	8
		（2）园林绿化养护物资管理	4
		（3）园林绿化养护考核方案和改进计划编制	4
	4-3 技术总结和培训	（1）园林绿化技术工作总结撰写	4
		（2）园林绿化新技术推广和应用	4
		（3）低级别技术工培训计划编制	4
		（4）低级别技术工培训	4
课堂学时合计			168

（6）一级／高级技师职业技能培训课程

模块	课程	学习单元	课堂学时
1．园林绿化设计和施工	1-1 园林绿化设计应用	园林绿地改建种植设计	40
	1-2 整地和土壤改良	土壤改良专项方案编制	8
	1-3 园林绿化施工	（1）施工现场组织协调	8
		（2）施工疑难问题解决	8
		（3）施工质量问题调查、整改和监督落实	4
		（4）施工环境问题调查、整改和监督落实	4
		（5）施工职业健康安全问题调查、整改和监督落实	4
		（6）工程竣工移交	4
2．园林绿化养护	2-1 修剪	修剪技术方案编制	24
	2-2 树木和古树名木保护与复壮	古树名木复壮抢救方案编制	8
	2-3 防灾减灾和树木补植	防灾减灾综合应急预案编制	4

续表

模块	课程	学习单元	课堂学时
3．技术管理和培训	3-1 园林绿化施工管理	（1）园林绿化工程合同编制	4
		（2）特殊条件下园林绿化施工方案编制	4
		（3）园林绿化施工进度计划编制	4
		（4）园林绿化施工资源需求计划编制	4
		（5）园林绿化施工作业计划编制	4
		（6）园林绿化施工验收文件编制	4
		（7）园林绿化施工小结编制	4
	3-2 园林绿化养护管理	（1）绿化养护年度总结和专项总结	4
		（2）绿化养护技术方案编制	4
		（3）绿化养护典型案例及其问题解决方案编制	8
		（4）绿化养护成本管理	4
	3-3 技术总结和培训	（1）技术培训资料编写	4
		（2）技术革新与创造	4
		（3）技术小结或论文撰写	4
课堂学时合计			176

1.1.3 培训课程选择指导

职业基本素质培训课程为必修课程，相当于本职业的入门课程。各级别职业技能培训课程由培训机构教师根据培训学员实际情况，遵循高级别涵盖低级别的原则进行选择。

原则上，初入职的培训学员应学习职业基本素质培训课程和五级／初级工职业技能培训课程的全部内容，有职业技能等级晋升需求的培训学员，可按照国家职业技能标准的"鉴定要求"，对照自身需求选择更高等级的培训课程。

具有一定从业经验、无职业技能等级晋升需求的培训学员，可根据自身实际情况自主选择本职业培训课程。其具体方法为：（1）选择课程模块；（2）在模块中筛选课程；（3）在课程中筛选学习单元；（4）组合成本次培训的整个课程。

培训教师可以根据以上方法对培训学员进行单独指导。对于订单培训，培训教师可以按照如上方法，对照订单要求进行培训课程的选择。

1.2 职业指南

1.2.1 职业描述

园林绿化工是根据绿化作业要求，运用绿化设计、施工、养护的相关技能进行绿化设计、施工、养护来完成绿化植物景点的配置、建设、维护的从业人员。

1.2.2 职业培训对象

参加园林绿化工职业培训的对象主要包括：热爱园林绿化事业的人员、有技能提升需求的园林绿化技术工人、园林绿化企业在职职工、高校毕业生、退役军人、转岗转业人员、城乡未继续升学的应届初高中毕业生、农村转移就业劳动者、城镇登记失业人员等各类有培训需求的人员。

1.2.3 就业前景

园林绿化工的工作岗位有绿化施工、绿化养护、绿化管理等，也可以从事绿化班组长、绿化作业队长、绿化内部管理员、绿化技术总监、绿化技术经理等技术管理岗位工作。园林绿化工可以在绿化施工企业、绿化养护公司、单位后勤管理部门、各类物业管理公司、风景名胜管理单位等具有绿化建设养护管理需求的企业或部门从事绿化相关工作。

1.3 培训机构设置指南

1.3.1 师资配备要求

（1）培训教师任职基本条件

1）培训园林绿化工五级/初级工、四级/中级工、三级/高级工的教师应具备本职业二级/技师及以上职业资格证书（技能等级证书）或相关专业中级及以上专业技术职务任职资格。

2）培训园林绿化工二级/技师的教师应具有本职业一级/高级技师职业资格证书（技能等级证书）或相关专业高级专业技术职务任职资格。

3）培训园林绿化工一级/高级技师的教师应具有本职业一级/高级技师职业资格证书（技能等级证书）2年以上或相关专业高级专业技术职务任职资格。

（2）培训教师数量要求（以30人培训班为基准）

1）理论课教师：1人以上；培训规模超过30人的，按教师与学员之比不低于1∶30配备教师。

2）实习指导教师：2人以上；培训规模超过30人的，按教师与学员之比不低于1∶15配备教师。

（3）其他要求。培训教师应掌握通用的教学技能，并掌握现代职业技术教育的教学方法。

1.3.2　培训场所设备配置要求

培训场所设备配置要求如下（以30人培训班为基准）：

（1）理论知识培训场所设备配置要求：60 m² 以上标准教室，多媒体教学设备（计算机、投影仪、幕布或显示屏、网络连接设备、音响设备），黑板，30套以上桌椅，符合照明、通风、安全等相关规定。

（2）操作技能培训场所设备、设施配置要求：实训工位充足，设备、设施配套齐全，符合环保、劳保、安全、卫生、消防、通风、照明等相关规定及安全规程。园林绿化工标准实训场所的实训设备数量和工具配置必须同时满足30名学员进行实训教学。

实训用具设备及其他物品、材料等配置要求如下：

序号	用具设备及其他物品、材料	数量或规格说明	等级				
			五级/初级工	四级/中级工	三级/高级工	二级/技师	一级/高级技师
1	植物实物或标本	根据各等级要求数量配置各1套以上	✓	✓	✓		
2	病虫害标本或照片		✓	✓	✓	✓	
3	放样图纸	15套以上			✓		
4	绘图板	15块以上		✓	✓	✓	✓
5	圆模板	若干（φ2 mm～φ40 mm）		✓	✓	✓	✓

续表

序号	用具设备及其他物品、材料	数量或规格说明	等级				
			五级/初级工	四级/中级工	三级/高级工	二级/技师	一级/高级技师
6	比例尺	若干		✓		✓	✓
7	透明胶	若干		✓	✓	✓	✓
8	硫酸纸	若干（A3幅面）		✓		✓	✓
9	白纸	若干（A3幅面）		✓	✓	✓	✓
10	绘图针管笔	若干套（针管管径0.3 mm、0.6 mm、0.9 mm）		✓	✓	✓	✓
11	活动铅笔	若干		✓	✓	✓	✓
12	橡皮	若干		✓	✓	✓	✓
13	种子	若干	✓				
14	盆栽母本	若干	✓	✓			
15	育苗盘	30个以上	✓	✓			
16	塑料网纱	若干	✓	✓			
17	包扎带	若干			✓		
18	棉纱线	若干			✓		
19	pH试纸	若干		✓			
20	白粉	若干		✓			
21	密封袋	1包以上	✓	✓			
22	铅丝	若干		✓	✓		
23	麻片或其他包扎物	若干		✓			
24	水泥、石子、沙子	若干			✓		
25	防腐剂（或油漆、桐油）	若干			✓	✓	
26	杀菌剂、杀虫剂、除草剂	30套以上	✓	✓			
27	带盖塑料瓶	若干		✓	✓		
28	昆虫采集瓶	若干		✓	✓		
29	树木创面保护剂	若干			✓	✓	
30	植物生长激素	若干			✓	✓	
31	树坛覆盖物	若干	✓				
32	有机肥	若干	✓				

续表

序号	用具设备及其他物品、材料	数量或规格说明	等级				
			五级/初级工	四级/中级工	三级/高级工	二级/技师	一级/高级技师
33	化肥（氮肥或复合肥）	若干	✓				
34	介质或营养土	若干	✓	✓			
35	汽油、机油	若干	✓	✓			
36	草绳	若干			✓		
37	铁锹（平头、尖头）	15套以上	✓	✓	✓		
38	锄或耙	15把以上	✓	✓			
39	木板	15块以上	✓				
40	筛子	15个以上	✓				
41	花铲	15把以上	✓	✓			
42	切接刀	15把以上			✓		
43	粉桶	15个以上		✓			
44	背包式喷雾器	5个以上	✓	✓			
45	喷雾喷粉机	5个以上	✓	✓			
46	捕虫网	10个以上	✓	✓			
47	电子天平	5台以上	✓				
48	塑料量筒	5套以上	✓				
49	塑料量杯	5套以上	✓				
50	打药机维修工具	5套以上		✓			
51	玻璃棒	10根以上	✓				
52	放大镜	10块以上	✓	✓			
53	大镊子	2把	✓				
54	绿篱剪	15把以上	✓				
55	修枝剪	15把以上	✓	✓	✓	✓	
56	修枝锯	5把以上	✓	✓	✓	✓	
57	高枝剪	5把以上	✓	✓	✓		
58	高枝锯	5把以上	✓	✓	✓		
59	大、小木工凿	5套以上					
60	钢钎	若干		✓			

续表

序号	用具设备及其他物品、材料	数量或规格说明	等级				
			五级/初级工	四级/中级工	三级/高级工	二级/技师	一级/高级技师
61	支撑桩（竹桩、木桩、水泥桩或钢管桩）	10套	✓		✓		
62	钢丝钳	5把以上	✓		✓		
63	小刷子、毛笔或油漆刷	5套以上		✓		✓	
64	大、小水泥刀（尖头、圆头）	5套以上			✓		
65	钢镐	5把以上	✓				
66	水准仪和水准尺	5套以上			✓	✓	
67	经纬仪	5台以上			✓	✓	
68	全站仪	5台以上			✓	✓	
69	种植刀	15把以上	✓	✓			
70	舂棒	5根以上	✓	✓	✓		
71	乔木带球模型	5个以上			✓		
72	吊装设备	1套以上			✓		
73	装运车	1台以上			✓		
74	吊带	1套（大中小各1条）以上			✓		
75	浪风绳	1套以上			✓		
76	小水桶	15个以上		✓		✓	
77	翻耕机	5台以上	✓				
78	绿篱机	5台以上	✓				
79	草坪修剪机（手推式或坐骑式）	5台以上	✓				
80	割灌机	5台以上	✓				
81	电锯或油锯	5台以上	✓		✓		
82	车载（或手推式）喷药机	5台以上		✓			
83	水泵	1台以上	✓				
84	浪风绳桩	1套以上			✓		
85	遮阴苗床	1块以上		✓			

续表

序号	用具设备及其他物品、材料	数量或规格说明	等级				
			五级/初级工	四级/中级工	三级/高级工	二级/技师	一级/高级技师
86	水池	2处以上（配水龙头）	✓	✓	✓		
87	水管和喷头	1套以上	✓				
88	梯子	5架以上			✓	✓	
89	现状绿地	2~3块（景观元素齐全，500 m²）			✓		
90	现状景点	2~3处（200 m²）				✓	
91	现状绿地	2~3块（植物群落丰富，800 m²）					✓
92	放样场地	15块以上		✓			
93	劳保用品	30套以上（含安全带、安全帽等）	✓	✓	✓	✓	
94	防护用品	30套以上（含护目镜、防护服、防护帽、口罩、一次性橡胶手套等）	✓	✓			

1.3.3 教学资料配备要求

（1）培训规范：《园林绿化工职业基本素质培训要求》《园林绿化工职业技能培训要求》《园林绿化工职业基本素质培训课程规范》《园林绿化工职业技能培训课程规范》《园林绿化工职业基本素质培训考核规范》《园林绿化工职业技能培训理论知识考核规范》《园林绿化工职业技能培训操作技能考核规范》。

（2）教学资源：教材教辅、网络资源等内容必须符合"（1）培训规范"。

1.3.4 管理人员配备要求

（1）专职校长：1人，应具有大专及以上文化程度、中级及以上专业技术职务任职资格，从事职业技术教育及教学管理工作5年以上，熟悉职业培训的有关法律法规。

（2）教学管理人员：1人以上，专职不少于1人；应具有大专及以上文化程度、中级及以上专业技术职务任职资格，从事职业技术教育及教学管理工作3年以上，具有丰富的教学管理经验。

（3）办公室人员：1人以上，应具有大专及以上文化程度。

（4）财务管理人员：2人，应具有大专及以上文化程度。

1.3.5 管理制度要求

应建立健全完备的管理制度，包括办学规章与发展规划，以及教学管理、教师管理、学员管理、财务管理、设备管理等制度。

2 课程包

2.1 培训要求

2.1.1 职业基本素质培训要求

职业基本素质模块	培训内容	培训细目
1. 职业认知和职业道德	1-1 职业认知	(1) 园林绿化行业简介 (2) 园林绿化工简介 (3) 园林绿化工的工作内容
	1-2 职业道德	(1) 职业道德简介 (2) 园林绿化从业人员职业道德规范
	1-3 职业守则	职业守则简介
2. 园林绿化基础知识	2-1 园林绿化概论	(1) 园林绿化及其发展概况 (2) 园林绿化形式和功能 (3) 园林绿化相关指标 (4) 中外园林史
	2-2 园林美学	(1) 园林美学基本概念 (2) 园林美学表现形式 (3) 园林美学鉴赏途径 (4) 园林美学表达方法
	2-3 植物及分类	(1) 植物器官 (2) 植物分类基础 (3) 植物类型及特征 (4) 园林树木基础 (5) 园林花卉基础 (6) 地被植物基础 (7) 草坪基础
	2-4 植物生理	(1) 植物生长周期 (2) 植物的三大作用 (3) 植物营养生长和生殖生长 (4) 植物营养物质 (5) 植物生长物质
	2-5 植物生态	(1) 植物生存环境 (2) 植物和环境的关系 (3) 植物群落特征及动态 (4) 植物间相互影响 (5) 环境干扰

续表

职业基本素质模块	培训内容	培训细目
2．园林绿化基础知识	2-6 植物栽培和繁育	(1) 植物栽培基础 (2) 植物繁育基础 (3) 苗圃抚育管理
3．园林绿化专业知识	3-1 园林绿化设计	(1) 园林绿地设计概述 (2) 园林绿地设计元素 (3) 园林绿地设计形式基本特征 (4) 园林绿地设计风格识别 (5) 园林绿地设计文件
	3-2 园林绿化施工	(1) 园林绿化施工内容和质量要求 (2) 园林绿化施工图 (3) 整地和土壤改良基础 (4) 施工测量放样基础 (5) 园林植物栽植和栽植后管理基础 (6) 园林绿化施工工具、机具管理 (7) 园林绿化施工台账和档案管理
	3-3 园林绿化养护	(1) 园林绿化养护内容和质量要求 (2) 松土、除草、切边、覆盖基础 (3) 园林植物水肥管理基础 (4) 园林植物修剪基础 (5) 园林植物保护基础 (6) 古树名木养护基础 (7) 园林植物防护基础 (8) 园林绿化养护工具、机具管理 (9) 园林绿化养护台账和档案管理
4．园林绿化安全生产知识	4-1 安全生产一般知识	(1) 安全生产基本法律法规 (2) 安全生产一般规定 (3) 安全常识
	4-2 园林绿化施工、养护安全知识	(1) 园林绿化施工、养护环境特点 (2) 防护用品及其使用 (3) 安全事故预防 (4) 一般安全事故应急处理 (5) 工伤急救知识 (6) 灾害性天气的预防、抢救和善后处理
	4-3 农药、肥料、化学药品安全使用和保管知识	(1) 安全使用知识 (2) 安全保管知识
	4-4 工具、机具、机械设备安全使用和维护知识	(1) 安全使用知识 (2) 安全维护知识

续表

职业基本素质模块	培训内容		培训细目
5．相关法律、法规、标准知识	5-1	法律知识	(1)《中华人民共和国劳动法》 (2)《中华人民共和国森林法》 (3)《中华人民共和国环境保护法》 (4)《中华人民共和国招标投标法》 (5) 其他
	5-2	法规知识	(1) 国务院《城市绿化条例》和本地区城市绿化管理办法或条例 (2)《中华人民共和国植物新品种保护条例》 (3)《农药管理条例》 (4)《危险化学品安全管理条例》 (5) 其他
	5-3	标准知识	(1) 已颁布的有关园林绿化设计、施工、验收、养护等方面的国标、行标、地标和团标 (2) 园林绿化材料相关标准 (3) 园林绿化相关的其他标准
	5-4	其他知识	(1) 园林绿化相关技术文件 (2) 园林绿化相关管理办法

2.1.2　五级／初级工职业技能培训要求

职业功能模块	培训内容		技能目标	培训细目
1．园林绿化识别和植物繁育	1-1	植物识别和应用	1-1-1 能识别本地区常见园林植物种30%以上（不低于40种）	(1) 园林树木识别 (2) 园林花卉识别
	1-2	有害生物识别	1-2-1 能识别本地区常见园林有害生物20种以上	(1) 园林害虫识别 (2) 园林病害识别 (3) 杂草识别
	1-3	植物繁育	1-3-1 能进行播种、分生等植物繁殖工作	(1) 播种繁殖 (2) 分生繁殖
2．园林绿化设计和施工	2-1	整地和土壤改良	2-1-1 能使用整地工具进行场地粗平整	(1) 整地工具使用 (2) 场地粗平整
			2-1-2 能维护整地工具	(1) 整地工具装配 (2) 整地工具矫正
	2-2	园林绿化施工	2-2-1 能栽植小灌木	(1) 卸车和分苗 (2) 栽植准备 (3) 栽植 (4) 栽植后管理

续表

职业功能模块	培训内容	技能目标	培训细目
2．园林绿化设计和施工	2-2 园林绿化施工	2-2-2 能铺植草坪	（1）铺植准备 （2）铺植 （3）铺植后管理
		2-2-3 能栽植地被植物	（1）栽植准备 （2）栽植 （3）栽植后管理
3．园林绿化养护	3-1 松土、除草、切边和覆盖	3-1-1 能完成松土作业	（1）松土机具使用 （2）松土作业
		3-1-2 能开展除草作业	（1）除草剂使用 （2）除草操作
		3-1-3 能完成切边和插片作业	（1）切边工具使用 （2）切边作业 （3）插片选择和使用
		3-1-4 能整理树坛，并进行覆盖	（1）树坛整理作业 （2）覆盖物铺设 （3）盖板安装 （4）盖板维护
	3-2 灌溉和排水	3-2-1 能完成灌溉作业和灌溉设施维护	（1）灌溉设施、机具使用和维护 （2）灌溉操作 （3）灌溉效果检验
		3-2-2 能完成排水作业和排水设施维护	（1）排水设施使用和维护 （2）排水操作 （3）排水结果检验
	3-3 施肥	3-3-1 能完成基肥施用	（1）基肥施用方法选择 （2）基肥施用操作
		3-3-2 能完成追肥作业	（1）追肥方法选择 （2）追肥操作
	3-4 修剪	3-4-1 能在高等级园林绿化工指导下修剪绿篱、球类植物	（1）修剪工具、机具使用 （2）绿篱修剪 （3）球类植物修剪
		3-4-2 能在高等级园林绿化工指导下修剪草坪、草本花卉	（1）修剪工具、机具使用 （2）草坪修剪 （3）草本花卉修剪
		3-4-3 能维护修剪工具、机具	（1）修剪工具（修枝剪、修枝锯、高枝剪、高枝锯、绿篱剪）保养 （2）草坪修剪机具维护 （3）绿篱修剪机具维护

续表

职业功能模块	培训内容	技能目标	培训细目
3. 园林绿化养护	3-5 植物保护	3-5-1 能踏查绿地病虫害，并及时汇报给高等级园林绿化工	(1) 绿地病虫害踏查 (2) 踏查记录和情况汇报
		3-5-2 能在高等级园林绿化工指导下配制和喷施药剂	(1) 药剂选择 (2) 药剂称量和配制 (3) 喷施药剂 (4) 药剂喷施后器械清洗
	3-6 防灾减灾和树木补植	3-6-1 能完成树木支撑作业	(1) 树木扶正 (2) 竖桩
		3-6-2 能完成植物防寒、防冻、高温期防护、防风等防护作业	(1) 植物防寒、防冻、防雪操作 (2) 植物高温期防护操作 (3) 植物防风操作 (4) 植物防旱、防涝操作

2.1.3 四级／中级工职业技能培训要求

职业功能模块	培训内容	技能目标	培训细目
1. 园林绿化识别和植物繁育	1-1 植物识别和应用	1-1-1 能识别本地区常见园林植物种40%以上（不低于60种）	(1) 园林树木识别 (2) 园林花卉识别
	1-2 有害生物识别	1-2-1 能识别本地区常见园林有害生物30种以上	(1) 园林害虫识别 (2) 园林病害识别
	1-3 植物繁育	1-3-1 能完成扦插、压条等植物繁殖工作	(1) 扦插繁殖 (2) 压条繁殖
2. 园林绿化设计和施工	2-1 园林绿化设计应用	2-1-1 能识别设计图例	(1) 植物元素图例识别 (2) 山石元素图例识别 (3) 水体元素图例识别 (4) 建筑元素图例识别 (5) 小品设施图例识别 (6) 工程设施图例识别
	2-2 整地和土壤改良	2-2-1 能检测和判定土壤酸碱性	(1) 土壤酸碱性检测试纸使用 (2) 土壤酸碱性判定
		2-2-2 能完成场地细平整和土壤消毒作业	(1) 场地细平整 (2) 土壤消毒
	2-3 施工测量放样	2-3-1 能完成园林绿化种植放样作业	(1) 放样工具使用 (2) 种植放样操作

续表

职业功能模块	培训内容	技能目标	培训细目
2．园林绿化设计和施工	2-4　园林绿化施工	2-4-1　能栽植大灌木和小乔木	(1) 栽植准备 (2) 树穴挖掘 (3) 假植 (4) 栽植 (5) 支撑 (6) 栽植后管理
		2-4-2　能栽植垂直绿化植物（如藤本植物等）	(1) 栽植准备 (2) 栽植 (3) 栽植后管理
		2-4-3　能栽植花坛植物	(1) 栽植准备 (2) 栽植 (3) 栽植后管理
3．园林绿化养护	3-1　灌溉和排水	3-1-1　能编制绿地灌溉方案	(1) 确定灌溉时间、浇水量等 (2) 编制灌溉方案
	3-2　施肥	3-2-1　能编制绿地施肥方案	(1) 确定施肥时间、施肥量等 (2) 编制施肥方案
	3-3　修剪	3-3-1　能修剪一般造型植物	(1) 修剪工具、机具使用 (2) 一般造型植物修剪
		3-3-2　能修剪花灌木、竹类、藤本植物	(1) 修剪工具、机具使用 (2) 花灌木修剪 (3) 竹类修剪 (4) 藤本植物修剪
		3-3-3　能修剪花境植物	(1) 修剪工具、机具使用 (2) 花境植物修剪
		3-3-4　能修剪容器植物	(1) 修剪工具、机具使用 (2) 容器植物修剪
	3-4　植物保护	3-4-1　能使用和维护打药机具和物理防治器具	(1) 打药机具使用和保养 (2) 物理防治器具使用和维护
		3-4-2　能调查绿地病虫害防治效果	(1) 绿地病虫害防治效果调查 (2) 调查结果统计、分析和总结
	3-5　防灾减灾和树木补植	3-5-1　能给树木防腐和补洞	(1) 树木防腐 (2) 树洞修补

续表

职业功能模块	培训内容	技能目标	培训细目
4．技术管理和培训	4-1 园林绿化养护管理	4-1-1 能组织和安排绿地日常养护工作	（1）日常养护工作组织 （2）日常养护工作安排
		4-1-2 能填写养护内业资料	（1）区别养护内业资料类型 （2）养护内业资料填写

2.1.4 三级/高级工职业技能培训要求

职业功能模块	培训内容	技能目标	培训细目
1．园林绿化识别和植物繁育	1-1 植物识别和应用	1-1-1 能识别本地区常见园林植物种（含品种）60%以上（不低于80种）	（1）园林树木识别 （2）园林花卉识别
	1-2 有害生物识别	1-2-1 能识别本地区常见园林有害生物40种以上	（1）园林害虫识别 （2）园林病害识别 （3）检疫性、危险性病虫害识别
	1-3 植物繁育	1-3-1 能完成嫁接等植物繁殖工作	（1）嫁接繁殖方法选择 （2）嫁接繁殖操作 （3）嫁接繁殖后养护
2．园林绿化设计和施工	2-1 园林绿化设计应用	2-1-1 能完成园林绿地种植设计调查草测	（1）园林绿地中植物群落草测 （2）园林绿地植物群落草测平面图绘制 （3）园林绿地植物群落草测平面图标注
	2-2 整地和土壤改良	2-2-1 能改良园林绿地土壤（含种植槽穴）	（1）土壤改良方法选用 （2）土壤改良操作
		2-2-2 能完成园林绿地土方造型作业	（1）土方造型方法选用 （2）堆土操作 （3）挖土操作
	2-3 施工测量放样	2-3-1 能完成园林绿化施工放样测量作业	（1）施工测量仪器使用 （2）施工场地测量 （3）施工定点放样
	2-4 园林绿化施工	2-4-1 能移植乔木	（1）挖掘前处理 （2）挖掘 （3）装运 （4）栽植 （5）支撑 （6）栽植后管理

续表

职业功能模块	培训内容	技能目标	培训细目
2. 园林绿化设计和施工	2-4 园林绿化施工	2-4-2 能栽植水生植物	(1) 栽植前处理 (2) 栽植准备 (3) 栽植 (4) 栽植后管理
		2-4-3 能栽植竹类	(1) 栽植准备 (2) 挖掘 (3) 栽植 (4) 栽植后管理
		2-4-4 能栽植花境植物	(1) 栽植准备 (2) 栽植 (3) 栽植后管理
3. 园林绿化养护	3-1 灌溉和排水	3-1-1 能开展灌溉、排水设施识图、安装、调试和操作工作	(1) 灌溉设施图件识别 (2) 安装、调试和操作灌溉设施 (3) 排水设施图件识别 (4) 安装、调试和操作排水设施
		3-1-2 能开展立体绿化的灌溉和排水作业	(1) 立体绿化灌溉 (2) 立体绿化排水
	3-2 施肥	3-2-1 能识别园林植物缺素症状，并进行治疗	(1) 园林植物缺素症状识别 (2) 园林植物缺素症状治疗
	3-3 修剪	3-3-1 能进行观赏植物整形修剪和艺术造型作业	(1) 修剪工具、机具使用 (2) 观赏植物整形修剪 (3) 观赏植物艺术造型
		3-3-2 能修剪乔木	(1) 修剪工具、机具使用 (2) 乔木修剪
	3-4 植物保护	3-4-1 能编制重点病虫害综合治理方案	(1) 重点病虫害综合治理 (2) 编制重点病虫害综合治理方案
		3-4-2 能编制区域内病虫害年度防控计划	(1) 区域内病虫害年度发生规律分析 (2) 区域内病虫害年度防控计划文本编制
	3-5 树木和古树名木保护与复壮	3-5-1 能开展古树名木常规养护工作	(1) 古树名木养护档案建立 (2) 古树名木施肥、修剪等常规养护
	3-6 防灾减灾和树木补植	3-6-1 能编制树木补植计划和方案	(1) 树木补植前调查和分析 (2) 编制树木补植计划 (3) 编制树木补植方案

续表

职业功能模块	培训内容	技能目标	培训细目
4．技术管理和培训	4-1 园林绿化施工管理	4-1-1 能开展图纸会审和技术核定作业	(1) 园林绿化施工图纸会审 (2) 园林绿化施工技术核定
		4-1-2 能编写施工日志等施工资料	(1) 区别施工日志类型 (2) 施工日志填写
	4-2 园林绿化养护管理	4-2-1 能编制绿化养护年度月历	(1) 养护情况调查 (2) 绿化养护年度月历编制
		4-2-2 能完成园林绿化养护内业资料收集、归档、数据采集等工作	(1) 养护内业资料收集 (2) 养护内业资料归档 (3) 养护内业资料数据采集
		4-2-3 能对园林绿化养护工作执行进度进行监督和检查	(1) 养护工作执行进度监督 (2) 养护工作执行进度检查
	4-3 技术总结和培训	4-3-1 能掌握一项以上绿化技术特长	(1) 技术梳理 (2) 技术特长培养
		4-3-2 能进行技术总结与指导	(1) 技术总结 (2) 技术培训指导

2.1.5 二级/技师职业技能培训要求

职业功能模块	培训内容	技能目标	培训细目
1．园林绿化识别和植物繁育	1-1 植物识别和应用	1-1-1 能根据植物生态习性对常见园林植物进行配置应用	(1) 园林植物生态习性 (2) 园林植物配置应用
	1-2 有害生物识别	1-2-1 能诊断本地区园林有害生物	(1) 虫害特征与诊断 (2) 病害特征与诊断 (3) 其他有害生物诊断
2．园林绿化设计和施工	2-1 园林绿化设计应用	2-1-1 能进行园林绿地景点调整种植设计	(1) 找出园林绿地景点在种植设计上存在的问题 (2) 针对问题找到应对措施 (3) 绘制园林绿地景点调整种植设计图
	2-2 整地和土壤改良	2-2-1 能编制常规土壤改良方案（土壤理化性质主要指标及应用）	(1) 绿地土壤情况调查 (2) 编制常规土壤改良方案
	2-3 施工测量放样	2-3-1 能完成园林绿化施工放样复测和验线作业	(1) 放样复测 (2) 放样验线

续表

职业功能模块	培训内容	技能目标	培训细目
2．园林绿化设计和施工	2-4 园林绿化施工	2-4-1 能完成较复杂（大型）绿化工程施工的识图、作业班组组织、技术交底和现场技术指导工作	（1）较复杂（大型）绿化工程施工图识图 （2）较复杂（大型）绿化工程作业班组组织 （3）较复杂（大型）绿化工程技术交底 （4）较复杂（大型）绿化工程现场技术指导
		2-4-2 能进行园林绿化施工质量、环境和职业健康安全控制	（1）施工质量控制 （2）施工环境控制 （3）施工职业健康安全控制
		2-4-3 能完成绿化工程质量验收工作	（1）绿化工程质量验收准备 （2）绿化工程质量验收操作
3．园林绿化养护	3-1 灌溉和排水	3-1-1 能参与喷灌系统的布置	（1）喷灌系统构成 （2）喷灌系统布置
		3-1-2 能参与水肥一体化系统的敷设和使用	（1）水肥一体化系统构成 （2）水肥一体化系统敷设 （3）水肥一体化系统使用
	3-2 施肥	3-2-1 能编制特殊条件（植物）的施肥方案	（1）特殊条件调查、分析 （2）植物长势调查、分析 （3）编制特殊条件（植物）施肥方案
	3-3 修剪	3-3-1 能整形修剪和更新复壮特殊用途、生长特性和生长环境造型树木	（1）特殊用途、生长特性和生长环境造型树木整形修剪 （2）特殊用途、生长特性和生长环境造型树木更新复壮
	3-4 植物保护	3-4-1 能编制区域有害生物监测计划和实施方案	（1）编制区域有害生物监测计划 （2）编制区域有害生物监测实施方案
	3-5 树木和古树名木保护与复壮	3-5-1 能编制古树名木常规保护方案	（1）古树名木现状调查和分析 （2）编制古树名木常规保护方案
		3-5-2 能复壮衰老树	（1）编制衰老树复壮技术措施 （2）衰老树复壮操作
	3-6 防灾减灾和树木补植	3-6-1 能编制苗木防治自然灾害技术方案	（1）自然灾害分析 （2）苗木防治自然灾害技术方案文本编制

续表

职业功能模块	培训内容	技能目标	培训细目
4．技术管理和培训	4-1 园林绿化施工管理	4-1-1 能编制园林绿化工程投标文件、预算书	(1) 编制园林绿化工程投标文件 (2) 编制园林绿化工程预算书
		4-1-2 能编制非季节施工、盐碱地施工等专项方案	(1) 施工情况调查 (2) 编制非季节施工专项方案 (3) 编制盐碱地施工专项方案
		4-1-3 能编制施工组织设计方案	(1) 施工绿地现状调查和分析 (2) 施工组织设计方案文本编制
	4-2 园林绿化养护管理	4-2-1 能编制绿地整体养护管理方案	(1) 绿地现状调查和分析 (2) 绿地整体养护管理方案文本编制
		4-2-2 能进行园林绿化养护物资管理	(1) 园林绿化养护物资管理内容 (2) 园林绿化养护物资管理方法
		4-2-3 能参与编制园林绿化养护考核方案和改进计划	(1) 园林绿化养护考核目标分析和方案编制 (2) 编制园林绿化养护改进计划
	4-3 技术总结和培训	4-3-1 能撰写园林绿化技术工作总结，进行新技术推广和应用	(1) 技术工作总结撰写 (2) 新技术推广和应用
		4-3-2 能编制低级别技术工的培训计划，并开展培训	(1) 低级别技术工培训需求调查和分析 (2) 编制低级别技术工培训计划 (3) 培训低级别技术工准备 (4) 培训低级别技术工实施 (5) 培训低级别技术工总结

2.1.6 一级/高级技师职业技能培训要求

职业功能模块	培训内容	技能目标	培训细目
1. 园林绿化设计和施工	1-1 园林绿化设计应用	1-1-1 能进行园林绿地改建种植设计	(1) 合理评价已建成园林绿地 (2) 寻找和分析园林绿地存在的问题和产生的原因 (3) 针对问题进行园林绿地改建种植设计 (4) 绘制园林绿地改建种植设计图
	1-2 整地和土壤改良	1-2-1 能编制土壤改良专项方案	(1) 园林绿地土壤现状调查 (2) 土壤改良专项方案文本编制
	1-3 园林绿化施工	1-3-1 能完成园林绿化施工现场组织协调工作，并解决疑难问题	(1) 施工现场组织协调 (2) 施工疑难问题解决
		1-3-2 能调查、整改和监督落实园林绿化施工质量、环境与职业健康安全方面问题	(1) 施工质量问题调查、整改和监督落实 (2) 施工环境问题调查、整改和监督落实 (3) 施工职业健康安全问题调查、整改和监督落实
		1-3-3 能完成园林绿化工程竣工移交	(1) 工程竣工移交准备 (2) 工程竣工移交实施
2. 园林绿化养护	2-1 修剪	2-1-1 能编制苗木造型修剪技术方案	编制苗木造型修剪技术方案
		2-1-2 能编制乔木、灌木类圃苗整形修剪方案	(1) 编制乔木类圃苗整形修剪方案 (2) 编制灌木类圃苗整形修剪方案
	2-2 树木和古树名木保护与复壮	2-2-1 能编制古树名木复壮抢救方案	(1) 古树名木生长情况调查 (2) 古树名木生长问题判断 (3) 古树名木复壮抢救方案文本编制
	2-3 防灾减灾和树木补植	2-3-1 能编制绿地防灾减灾综合应急预案	(1) 灾害情况调查 (2) 灾害情况资料收集 (3) 绿地防灾减灾综合应急预案文本编制

续表

职业功能模块	培训内容	技能目标	培训细目
3. 技术管理和培训	3-1 园林绿化施工管理	3-1-1 能参与园林绿化工程合同编制	(1) 园林绿化工程情况分析 (2) 园林绿化工程合同文本编制
		3-1-2 能编制特殊条件下园林绿化施工方案	(1) 施工绿地情况调查和分析 (2) 特殊条件下园林绿化施工方案文本编制
		3-1-3 能进行园林绿化施工进度计划、资源需求计划和作业计划编制	(1) 编制园林绿化施工进度计划 (2) 编制园林绿化施工资源需求计划 (3) 编制园林绿化施工作业计划
		3-1-4 能进行园林绿化施工验收文件和施工小结编制	(1) 编制园林绿化施工验收文件 (2) 编制园林绿化施工小结
	3-2 园林绿化养护管理	3-2-1 能完成绿化养护年度总结和专项总结	(1) 编写绿化养护年度总结 (2) 编写绿化养护专项总结
		3-2-2 能编制绿化养护技术方案	(1) 绿地养护技术现状分析 (2) 绿化养护技术方案文本编制
		3-2-3 能分析绿化养护典型案例，并编制解决方案	(1) 绿化养护典型案例分析 (2) 编制绿化养护典型案例解决方案
		3-2-4 能管理绿化养护成本	(1) 绿化养护成本分析 (2) 绿化养护成本控制 (3) 绿化养护成本核算
	3-3 技术总结和培训	3-3-1 能进行技术培训需求分析，并编写技术培训资料	(1) 技术培训需求分析 (2) 编写技术培训资料
		3-3-2 能开展技术革新与创造，形成技术小结或论文	(1) 技术革新与创造 (2) 撰写技术小结或论文

2.2 课程规范

2.2.1 职业基本素质培训课程规范

模块	课程	学习单元	课程内容	培训建议	课堂学时
1. 职业认知和职业道德	1-1 职业认知	职业认知	1) 园林绿化行业认知 2) 园林绿化工职业认知	(1) 方法：讲授法 (2) 重点与难点：园林绿化工的工作内容	1
	1-2 职业道德	职业道德	1) 职业道德的概念 2) 职业道德的内容 3) 职业道德的特点 4) 职业道德的社会作用 5) 园林绿化工职业道德规范	(1) 方法：讲授法、案例教学法 (2) 重点与难点：园林绿化工职业道德规范	1
	1-3 职业守则	职业守则	1) 职业守则的概念 2) 职业守则的内容	(1) 方法：讲授法、案例教学法 (2) 重点与难点：职业守则的内容	1
2. 园林绿化基础知识	2-1 园林绿化概论	园林绿化概论	1) 园林绿化及其发展概况 2) 园林绿化形式和功能 3) 园林绿化相关指标 4) 中外园林史	(1) 方法：讲授法、案例教学法 (2) 重点与难点：园林绿化相关指标	1
	2-2 园林美学	园林美学	1) 园林美学基本概念 2) 园林美学表现形式 3) 园林美学鉴赏途径 4) 园林美学表达方法	(1) 方法：讲授法、案例教学法 (2) 重点与难点：园林美学表现形式	1

续表

模块	课程	学习单元	课程内容	培训建议	课堂学时
2. 园林绿化基础知识	2-3 植物及分类	植物及分类	1) 植物器官 2) 植物分类基础 3) 植物类型及特征 4) 园林树木基础 5) 园林花卉基础 6) 地被植物基础 7) 草坪基础	(1) 方法：讲授法、案例教学法 (2) 重点与难点：植物分类基础	2
	2-4 植物生理	植物生理	1) 植物生理的概念 2) 植物生长周期 3) 植物的三大作用 4) 植物营养生长和生殖生长 5) 植物营养物质的运输、分配和积累 6) 植物生长物质	(1) 方法：讲授法 (2) 重点与难点：植物生长周期、植物营养物质的运输和分配	2
	2-5 植物生态	植物生态	1) 植物生态的概念 2) 植物生存环境 3) 植物和环境的关系 4) 植物群落特征及动态 5) 植物间相互影响 6) 环境干扰	(1) 方法：讲授法 (2) 重点与难点：植物群落特征及动态、植物间相互影响、环境干扰	2
	2-6 植物栽培和繁育	植物栽培和繁育	1) 植物栽培基础 2) 植物繁育基础 3) 苗圃抚育管理	(1) 方法：讲授法 (2) 重点与难点：植物栽培基础	1
3. 园林绿化专业知识	3-1 园林绿化设计	园林绿地设计基础	1) 园林绿地设计概述 2) 园林绿地设计元素 3) 园林绿地设计形式基本特征 4) 园林绿地设计风格识别 5) 园林绿地设计文件	(1) 方法：讲授法、案例教学法 (2) 重点与难点：园林绿地设计文件	4

续表

模块	课程	学习单元	课程内容	培训建议	课堂学时
3. 园林绿化专业知识	3-2 园林绿化施工	（1）园林绿化施工内容和质量要求	1）园林绿化施工内容	（1）方法：讲授法、案例教学法 （2）重点与难点：园林绿化施工质量要求	1
			2）园林绿化施工质量要求		
		（2）园林绿化施工图	1）园林绿化施工图内容	（1）方法：讲授法、案例教学法 （2）重点与难点：园林绿化施工图要求	1
			2）园林绿化施工图特点		
			3）园林绿化施工图要求		
		（3）整地和土壤改良基础	1）整地内容、要求和方法	（1）方法：讲授法、案例教学法 （2）重点与难点：土壤改良目的和方法	1
			2）土壤改良目的和方法		
		（4）施工测量放样基础	1）施工测量概念	（1）方法：讲授法、案例教学法 （2）重点与难点：施工测量方法、施工放样方法	1
			2）施工测量仪器种类和用途		
			3）施工测量方法		
			4）施工放样概念和方法		
			5）施工放样测量概述		
		（5）园林植物栽植和栽植后管理基础	1）园林植物栽植概念	（1）方法：讲授法、案例教学法 （2）重点与难点：栽植后管理内容和质量要求	3
			2）园林植物栽植常用方法		
			3）园林植物栽植后管理内容和质量要求		
		（6）园林绿化施工工具、机具、台账和档案管理	1）园林绿化施工工具、机具的种类和作用	（1）方法：讲授法、演示法 （2）重点与难点：园林绿化施工台账和档案的价值和作用	1
			2）园林绿化施工台账和档案的意义和价值		
			3）园林绿化施工台账和档案的主要类别和作用		
	3-3 园林绿化养护	（1）园林绿化养护内容和质量要求	1）园林绿化养护概述	（1）方法：讲授法 （2）重点与难点：园林绿化养护内容和质量要求	1
			2）园林绿化养护内容		
			3）园林绿化养护质量要求		

续表

模块	课程	学习单元	课程内容	培训建议	课堂学时
3. 园林绿化专业知识	3-3 园林绿化养护	(2) 松土、除草、切边、覆盖基础	1) 松土、除草、切边、覆盖的概念 2) 松土的作用、时间和深度 3) 除草的作用和时间 4) 切边的作用、方法和要求 5) 覆盖的作用和覆盖材料类型	(1) 方法：讲授法、案例教学法 (2) 重点与难点：松土、除草、切边、覆盖的作用	1
		(3) 园林植物水肥管理基础	1) 水分对植物生长的重要意义 2) 灌溉的概念、基本原则和方法 3) 排水的概念和方法 4) 植物生长和养分的关系 5) 施肥的概念和作用 6) 施肥基本原则 7) 施肥的方法 8) 肥料类型和特点	(1) 方法：讲授法 (2) 重点：水分对植物生长的重要意义，植物生长和养分的关系 (3) 难点：肥料类型和特点	1
		(4) 园林植物修剪基础	1) 修剪目的、意义和原理 2) 修剪基本原则 3) 修剪主要技法	(1) 方法：讲授法 (2) 重点：修剪原理 (3) 难点：修剪主要技法	1
		(5) 园林植物保护基础	1) 病害的概念、类型和危害性 2) 虫害的概念、类型和危害性 3) 杂草及其他有害生物的概念和危害性 4) 有害生物综合防治理念和主要防治方法 5) 防治药剂的作用机理、类型及优缺点 6) 常用的打药机械设备	(1) 方法：讲授法 (2) 重点与难点：有害生物综合防治理念和主要防治方法，防治药剂的作用机理、类型	1

续表

模块	课程	学习单元	课程内容	培训建议	课堂学时
3. 园林绿化专业知识	3-3 园林绿化养护	（6）古树名木养护基础	1）古树名木界定标准 2）古树名木养护原则	（1）方法：讲授法 （2）重点与难点：古树名木养护原则	1
		（7）园林植物防护基础	1）高温对植物的危害 2）低温对植物的危害（防雪、防寒、防冻等） 3）风害 4）旱涝灾害 5）大树防腐的基本要求 6）树洞修补基础	（1）方法：讲授法、案例教学法 （2）重点：高温、低温和风对植物的危害 （3）难点：大树防腐的基本要求和树洞修补基础	1
		（8）园林绿化养护工具、机具、台账和档案管理	1）园林绿化养护工具、机具的种类和作用 2）园林绿化养护台账和档案的意义和价值 3）园林绿化养护台账和档案的主要类别和作用	（1）方法：讲授法、演示法 （2）重点与难点：园林绿化养护台账和档案的价值和作用	1
4. 园林绿化安全生产知识	4-1 安全生产一般知识	安全生产一般知识	1）安全生产基本法律法规 2）安全生产一般规定 3）安全常识	（1）方法：讲授法、案例教学法 （2）重点与难点：安全生产一般规定	1
	4-2 园林绿化施工、养护安全知识	园林绿化施工、养护安全知识	1）园林绿化施工环境特点 2）园林绿化养护环境特点 3）防护用品种类及用途 4）安全事故预防 5）一般安全事故应急处理 6）工伤急救知识 7）灾害性天气的预防、抢救和善后处理	（1）方法：讲授法、案例教学法 （2）重点与难点：灾害性天气的预防、抢救和善后处理	1

续表

模块	课程	学习单元	课程内容	培训建议	课堂学时
4．园林绿化安全生产知识	4-3 农药、肥料、化学药品安全使用和保管知识	农药、肥料、化学药品安全使用和保管知识	1）农药安全使用和保管 2）肥料安全使用和保管 3）化学药品安全使用和保管	（1）方法：讲授法、案例教学法 （2）重点与难点：农药、肥料、化学药品安全使用和保管	1
	4-4 工具、机具、机械设备安全使用和维护知识	工具、机具、机械设备安全使用和维护知识	1）工具安全使用和维护 2）机具安全使用和维护 3）机械设备安全使用和维护	（1）方法：讲授法、案例教学法 （2）重点与难点：工具、机具、机械设备安全使用和维护	1
5．相关法律、法规、标准知识	5-1 法律知识	法律知识	1）《中华人民共和国劳动法》 2）《中华人民共和国森林法》 3）《中华人民共和国环境保护法》 4）《中华人民共和国招标投标法》 5）其他	（1）方法：讲授法、案例教学法 （2）重点与难点：《中华人民共和国劳动法》	1
	5-2 法规知识	法规知识	1）《城市绿化条例》（中华人民共和国国务院令第100号）和本地区城市绿化管理办法或条例 2）《中华人民共和国植物新品种保护条例》（中华人民共和国国务院令第213号） 3）《农药管理条例》（中华人民共和国国务院令第677号） 4）《危险化学品安全管理条例》（中华人民共和国国务院令第645号） 5）其他	（1）方法：讲授法、案例教学法 （2）重点与难点：《城市绿化条例》	1

续表

模块	课程	学习单元	课程内容	培训建议	课堂学时
5. 相关法律、法规、标准知识	5-3 标准知识	标准知识	1）园林绿化设计国标、行标、地标和团标 2）园林绿化施工国标、行标、地标和团标 3）园林绿化验收国标、行标、地标和团标 4）园林绿化养护国标、行标、地标和团标 5）园林绿化材料标准 6）园林绿化相关的其他标准	（1）方法：讲授法、案例教学法 （2）重点与难点：园林绿化设计、施工、验收、养护地标	1
	5-4 其他知识	技术文件和管理办法	1）园林绿化相关技术文件 2）园林绿化相关管理办法		1
课堂学时合计					40

2.2.2 五级/初级工职业技能培训课程规范

模块	课程	学习单元	课程内容	培训建议	课堂学时
1. 园林绿化识别和植物繁育	1-1 植物识别和应用	（1）园林树木识别	1）针叶树 ①常绿针叶树 ②落叶针叶树 2）阔叶树 ①常绿阔叶树 ②落叶阔叶树	（1）方法：讲授法、实训法 （2）重点与难点：各类树种识别	8
		（2）园林花卉识别	1）露地花卉 ①一二年生花卉 ②球根、宿根花卉 ③水生花卉 ④地被植物 ⑤蕨类植物 ⑥草坪植物 ⑦木本花卉 2）温室花卉 ①观花类 ②观叶、观茎类	（1）方法：讲授法、实训法 （2）重点与难点：各类花卉识别	8

续表

模块	课程	学习单元	课程内容	培训建议	课堂学时
1. 园林绿化识别和植物繁育	1-2 有害生物识别	（1）园林害虫识别	1）常见害虫介绍	（1）方法：讲授法、实训法 （2）重点与难点：四类害虫的危害特点及生活习性	4
			2）害虫类型及识别方法 ①食叶性害虫 ②刺吸性害虫 ③蛀干性害虫 ④食根性害虫		
		（2）园林病害识别	1）常见病害介绍	（1）方法：讲授法、实训法 （2）重点与难点：两类病害的发生特点及识别特征	4
			2）病害类型及识别方法 ①非侵染性病害 ②侵染性病害		
		（3）常见杂草识别	1）园林杂草的特性	（1）方法：讲授法、实训法 （2）重点与难点：常见杂草的识别	4
			2）常见杂草的识别		
	1-3 植物繁育	（1）播种繁殖	1）播种基础 ①概念 ②种子储藏与播前处理 ③播种时间与方式 ④种子萌发环境条件 ⑤适用植物		4
			2）播种方法、操作和管理 ①盆播 ②穴盘播 ③苗床播	（1）方法：讲授法、案例教学法、实训法 （2）重点与难点：繁殖操作	
		（2）分生繁殖	1）分生繁殖基础 ①概念和特点 ②方法和要求 ③适用植物		4
			2）分生繁殖操作和养护 ①分株 ②分球		

续表

模块	课程	学习单元	课程内容	培训建议	课堂学时
2. 园林绿化设计和施工	2-1 整地和土壤改良	(1) 场地粗平整	1) 整地工具种类和使用方法 2) 场地粗平整要求 3) 场地粗平整操作	(1) 方法：演示法、讲授法、实训法 (2) 重点与难点：场地粗平整要求和操作	4
		(2) 整地工具维护	1) 整地工具装配 ①装配要求 ②装配操作 2) 整地工具矫正 ①矫正要点 ②矫正操作	(1) 方法：演示法、讲授法、实训法 (2) 重点与难点：整地工具矫正	4
	2-2 园林绿化施工	(1) 小灌木栽植	1) 栽植流程和技术要点 2) 栽植操作 3) 栽植后管理	(1) 方法：演示法、讲授法、实训法 (2) 重点与难点：栽（铺）植流程和技术要点、栽（铺）植后管理	8
		(2) 草坪铺植	1) 铺植流程和技术要点 2) 铺植操作 3) 铺植后管理		4
		(3) 地被植物栽植	1) 栽植流程和技术要点 2) 栽植操作 3) 栽植后管理		8
3. 园林绿化养护	3-1 松土、除草、切边和覆盖	松土、除草、切边和覆盖	1) 松土 ①松土前准备 ②松土和深翻 ③松土后地表整理 ④松土机具使用 2) 除草 ①除草方法 ②除草剂种类和使用方法 3) 切边和插片 ①切边宽度和深度 ②插片的类型和应用 4) 树坛整理和覆盖 ①树坛土壤整理 ②覆盖物铺设 ③盖板安装和维护	(1) 方法：讲授法、演示法、实训法 (2) 重点与难点：松土和切边	8

续表

模块	课程	学习单元	课程内容	培训建议	课堂学时
3．园林绿化养护	3-2 灌溉和排水	灌溉、排水作业及设施维护	1）灌溉 ①灌溉的时间 ②质量要求 ③灌溉设施（滴灌、喷灌）和机具的使用、维护 ④灌溉效果检验	（1）方法：讲授法、演示法、实训法 （2）重点与难点：灌溉和排水的设施使用、效（结）果检验	8
			2）排水 ①排水设施类型、使用和维护 ②排水结果检验		
	3-3 施肥	施肥作业	1）穴施法	（1）方法：讲授法、演示法、实训法 （2）重点与难点：开沟的原则、样式和大小，施肥量控制	8
			2）环状开沟法		
			3）放射状开沟法		
			4）液体肥施用方法		
			5）追肥的时间、追肥量和操作方法		
	3-4 修剪	（1）绿篱、球类植物、草坪和草本花卉修剪	1）修剪工具、机具使用	（1）方法：讲授法、演示法、实训法 （2）重点与难点：绿篱、球类植物、草坪和草本花卉修剪	12
			2）常见绿篱的修剪		
			3）常见球类植物的修剪		
			4）草坪草种类和修剪要求		
			5）草本花卉修剪		
		（2）修剪工具和机具维护	1）修剪工具（修枝剪、修枝锯、高枝剪、高枝锯、绿篱剪）保养	（1）方法：讲授法、演示法、实训法 （2）重点与难点：各种修剪机具的特点和维护	8
			2）修剪机具的类型、特点、用途		
			3）草坪修剪机具维护		
			4）绿篱修剪机具维护		

续表

模块	课程	学习单元	课程内容	培训建议	课堂学时
3. 园林绿化养护	3-5 植物保护	(1) 绿地病虫害踏查	1) 病虫害踏查的目的和意义 2) 病虫害踏查的方法	(1) 方法：讲授法、演示法、实训法 (2) 重点与难点：病虫害踏查的方法	4
		(2) 药剂配制和喷施	1) 药剂类型 2) 施药方法 3) 药剂称量和配制方法 4) 药剂喷施注意事项、防护措施和施药安全事项	(1) 方法：讲授法、演示法、实训法 (2) 重点与难点：药剂称量和配制方法	4
	3-6 防灾减灾和树木补植	树木防护	1) 树木支撑 ①支撑桩的类型和特点 ②疏枝、培土 ③打桩、绑扎 ④扶正 2) 植物防寒、防冻、防雪措施 3) 植物高温期防护措施 4) 植物防风措施 5) 植物防旱、防涝措施	(1) 方法：讲授法、演示法、实训法 (2) 重点与难点：树木支撑，植物防寒、防高温和防风等措施	12
课堂学时合计					128

2.2.3 四级／中级工职业技能培训课程规范

模块	课程	学习单元	课程内容	培训建议	课堂学时
1. 园林绿化识别和植物繁育	1-1 植物识别和应用	(1) 园林树木识别	1) 裸子植物主要科及代表树种 2) 被子植物主要科及代表树种 ①双子叶植物 ②单子叶植物	(1) 方法：讲授法、演示法、实训法 (2) 重点与难点：不同树木的特征	8
		(2) 园林花卉识别	1) 露地花卉 2) 温室花卉	(1) 方法：讲授法、实训法 (2) 重点与难点：不同花卉的特征	8

续表

模块	课程	学习单元	课程内容	培训建议	课堂学时
1. 园林绿化识别和植物繁育	1-2 有害生物识别	(1) 园林害虫识别	1) 食叶性害虫（刺蛾、夜蛾、螟蛾等） 2) 刺吸性害虫（蚜虫、介壳虫等） 3) 蛀干性害虫（天牛、象甲等） 4) 食根性害虫（蛴螬、蝼蛄等）	(1) 方法：讲授法、实训法、案例教学法 (2) 重点与难点：各类害虫识别和危害特点	4
		(2) 园林病害识别	1) 非侵染性病害（药害、缺素等） 2) 侵染性病害（真菌病害、细菌病害、病毒病害等）	(1) 方法：讲授法、实训法、案例教学法 (2) 重点与难点：各类病害识别要点	4
	1-3 植物繁育	(1) 扦插繁殖	1) 扦插繁殖基础 ①概念和特点 ②种类和方法 ③影响扦插成活的环境因素 ④适用植物 2) 扦插繁殖操作和养护 ①枝插 ②叶插 ③根插	(1) 方法：讲授法、演示法、案例教学法、实训法 (2) 重点与难点：不同繁殖方法的选材和操作技巧	8
		(2) 压条繁殖	1) 压条繁殖基础 ①概念和特点 ②方法 ③适用植物 2) 压条繁殖操作和养护 ①普通压条 ②波状压条 ③堆土压条 ④高空压条		
2. 园林绿化设计和施工	2-1 园林绿化设计应用	设计图例识别	1) 图例的名称 2) 图例的表述 3) 图例的说明	(1) 方法：演示法、讲授法、案例教学法 (2) 重点与难点：植物元素图例识别	12

续表

模块	课程	学习单元	课程内容	培训建议	课堂学时
2. 园林绿化设计和施工	2-2 整地和土壤改良	（1）土壤酸碱性快速检测和判定	1）土壤酸碱性的概念 2）土壤酸碱性检测试纸使用方法 3）土壤酸碱性判定	（1）方法：讲授法、演示法、实训法 （2）重点与难点：土壤酸碱性检测试纸使用方法	4
		（2）场地细平整	1）场地细平整要求 2）场地细平整操作	（1）方法：讲授法、案例教学法、实训法、演示法 （2）重点与难点：场地细平整操作	4
		（3）土壤消毒	1）土壤消毒方法 2）土壤消毒流程和操作 ①流程和技术要点 ②操作	（1）方法：讲授法、演示法、实训法 （2）重点与难点：土壤消毒流程和操作	4
	2-3 施工测量放样	园林绿化种植放样	1）放样基础 ①放样目的 ②放样方法 2）放样工具 ①种类 ②使用方法 3）种植放样 ①流程和技术要点 ②操作	（1）方法：讲授法、演示法、实训法 （2）重点与难点：放样工具使用方法、种植放样操作	8
	2-4 园林绿化施工	（1）大灌木和小乔木栽植	1）栽植流程和技术要点 2）栽植操作 3）栽植后管理	（1）方法：讲授法、演示法、实训法 （2）重点与难点：栽植流程和技术要点	16
		（2）垂直绿化植物栽植	1）栽植流程和技术要点 2）栽植操作 3）栽植后管理		4
		（3）花坛植物栽植	1）花坛类型和特点 2）栽植要求 3）栽植流程和技术要点 4）栽植操作 5）栽植后管理		8

续表

模块	课程	学习单元	课程内容	培训建议	课堂学时
3. 园林绿化养护	3-1 灌溉和排水	灌溉管理	1）灌溉方案内容（灌溉时间、浇水量、灌溉要求、灌溉质量检验）	（1）方法：讲授法、案例法、实训法 （2）重点与难点：灌溉和施肥方案编制	4
			2）编制灌溉方案		
	3-2 施肥	施肥管理	1）当地土壤性状		4
			2）施肥方案内容（施肥时间、施肥量、肥料种类、施肥方法）		
			3）编制施肥方案		
	3-3 修剪	园林植物修剪	1）一般造型植物修剪	（1）方法：讲授法、演示法、实训法 （2）重点与难点：各种类型植物的修剪技法	16
			2）花灌木修剪		
			3）竹类修剪		
			4）藤本植物修剪		
			5）花境植物修剪		
			6）容器植物修剪		
	3-4 植物保护	（1）打药机具、物理防治器具使用和维护	1）打药机具 ①操作方法 ②清洁 ③保养	（1）方法：讲授法、演示法、实训法 （2）重点与难点：各类机具及器具的使用方法	4
			2）物理防治器具 ①类型及特点 ②使用 ③维护		
		（2）病虫害防治效果调查	1）防治效果调查方法	（1）方法：讲授法、实训法 （2）重点与难点：病虫害防治效果调查方法	4
			2）调查结果统计、分析和总结		
	3-5 防灾减灾和树木补植	树木防腐和补洞	1）大树防腐（材料、工具和操作步骤）	（1）方法：讲授法、演示法、实训法 （2）重点与难点：大树防腐和树洞修补的技术要点	8
			2）树洞产生的原因		
			3）树洞类型		
			4）树洞修补工具和材料		
			5）树洞修补步骤		

续表

模块	课程	学习单元	课程内容	培训建议	课堂学时
4. 技术管理和培训	4-1 园林绿化养护管理	（1）日常养护工作组织安排	1）日常养护工作内容 2）日常养护人员、物资的组织和安排	（1）方法：讲授法、案例法、实训法 （2）重点与难点：日常养护工作组织安排	2
		（2）养护内业资料填写	1）内业资料的类型 2）内业资料填写要求		2
课堂学时合计					136

2.2.4　三级/高级工职业技能培训课程规范

模块	课程	学习单元	课程内容	培训建议	课堂学时
1. 园林绿化识别和植物繁育	1-1 植物识别和应用	（1）园林树木识别	1）常见乔木（含品种） 2）常见灌木（含品种） 3）常见木质藤本植物（含品种）	（1）方法：讲授法、演示法、案例法、实训法 （2）重点与难点：不同树木的特征	8
		（2）园林花卉识别	1）露地花卉（含品种） 2）温室花卉（含品种） 3）常见新优花卉（含品种）	（1）方法：讲授法、演示法、案例法、实训法 （2）重点与难点：不同花卉的特征	8
	1-2 有害生物识别	园林有害生物识别	1）园林害虫 2）园林病害 3）检疫性、危险性病虫害	（1）方法：讲授法、案例教学法、实训法 （2）重点与难点：检疫性、危险性病虫害识别	8
	1-3 植物繁育	嫁接繁殖	1）嫁接繁殖基础 ①概念和特点 ②种类和方法 ③适用植物 2）嫁接繁殖操作和养护 ①枝接 ②芽接	（1）方法：讲授法、演示法、实训法 （2）重点与难点：嫁接繁殖操作	8

续表

模块	课程	学习单元	课程内容	培训建议	课堂学时
2．园林绿化设计和施工	2-1 园林绿化设计应用	园林绿地种植设计调查草测	1）园林绿地种植设计调查方法 2）园林绿地种植设计草测技巧 3）园林绿地种植设计草测图绘制和标注	（1）方法：讲授法、演示法、实训法 （2）重点与难点：园林绿地种植设计草测技巧	16
	2-2 整地和土壤改良	（1）土壤改良	1）土壤改良基础 ①概念和目的 ②方法和技术要点 2）种植槽穴土壤改良操作	（1）方法：讲授法、案例教学法、演示法、实训法 （2）重点与难点：土壤改良方法和技术要点	4
		（2）土方造型	1）土方造型基础 ①概念和目的 ②方法和技术要点 2）土方造型操作 ①挖土 ②堆土	（1）方法：讲授法、案例教学法、演示法、实训法 （2）重点与难点：土方造型方法和技术要点	4
	2-3 施工测量放样	园林绿化施工放样测量	1）施工测量设备使用 ①水准仪和水准尺 ②经纬仪 ③全站仪 2）施工场地测量 ①测量方法和操作 ②标高测量 3）施工定点放样 ①流程和技术要点 ②操作	（1）方法：讲授法、案例教学法、演示法、实训法 （2）重点与难点：测量方法和操作、施工定点放样方法和操作	8
	2-4 园林绿化施工	（1）乔木移植	1）树木移植基础 ①概念 ②流程和关键技术 2）挖掘前处理 3）挖掘 4）装运 5）栽植 6）支撑 7）栽植后管理	（1）方法：讲授法、案例教学法、演示法、实训法 （2）重点与难点：树木移植关键技术、乔木栽植、乔木栽植后管理	8

续表

模块	课程	学习单元	课程内容	培训建议	课堂学时
2. 园林绿化设计和施工	2-4 园林绿化施工	（2）水生植物栽植	1）栽植前处理 2）栽植流程和技术要点 3）栽植操作 4）栽植后管理	（1）方法：讲授法、案例教学法、演示法、实训法 （2）重点与难点：栽植流程和技术要点、栽植后管理	4
		（3）竹类栽植	1）栽植流程和技术要点 2）栽植操作 3）栽植后管理	（1）方法：讲授法、案例教学法、演示法、实训法 （2）重点与难点：栽植技术要点	4
		（4）花境植物栽植	1）花境类型和特点 2）栽植要求 3）栽植流程和技术要点 4）栽植操作 5）栽植后管理	（1）方法：讲授法、演示法、实训法 （2）重点与难点：栽植流程和技术要点	8
3. 园林绿化养护	3-1 灌溉和排水	灌溉、排水设施管理和操作	1）识别灌溉设施图件 2）安装、调试和操作灌溉设施 3）识别排水设施图件 4）安装、调试和操作排水设施 5）立体绿化灌溉、排水的特点和要求	（1）方法：讲授法、演示法、实训法 （2）重点与难点：安装、调试、操作灌溉和排水设施	4
	3-2 施肥	园林植物缺素症状识别和治疗	1）植物生长所需的元素及其作用 2）园林植物缺素症状识别 3）植物缺素症的治疗方法	（1）方法：讲授法、演示法、实训法 （2）重点与难点：缺素症状的识别和治疗	4

续表

模块	课程	学习单元	课程内容	培训建议	课堂学时
3. 园林绿化养护	3-3 修剪	植物修剪和艺术造型	1）观赏植物修剪的意义和原则 2）观赏植物整形修剪技法 3）观赏植物艺术造型技法 4）乔木修剪目的和作用 5）乔木修剪技法 ①一般性乔木修剪 ②行道树修剪	（1）方法：讲授法、演示法、实训法 （2）重点与难点：观赏植物整形修剪和艺术造型技法	16
	3-4 植物保护	植物保护	1）病虫害综合治理的理念和原则 2）药剂防治主要措施及应用 3）生物防治主要措施及应用 4）物理防治主要措施及应用 5）园艺措施在病虫害治理中的作用 6）病虫害年度防控计划编制要点	（1）方法：讲授法、案例教学法、实训法 （2）重点：病虫害综合治理措施 （3）难点：病虫害年度防控计划编制要点	8
	3-5 树木和古树名木保护与复壮	古树名木常规养护	1）建立古树名木养护档案 2）施肥 3）修剪 4）水分管理 5）病虫害防治 6）其他防护措施（围护、支撑、避雷等）	（1）方法：讲授法、实训法、案例教学法 （2）重点与难点：修剪、水肥管理和病虫害防治	4
	3-6 防灾减灾和树木补植	树木补植计划和方案编制	1）树木补植前调查和分析 2）编制树木补植计划 3）编制树木补植方案	（1）方法：讲授法、案例教学法、实训法 （2）重点与难点：编制树木补植方案	4

续表

模块	课程	学习单元	课程内容	培训建议	课堂学时
4．技术管理和培训	4-1 园林绿化施工管理	（1）园林绿化施工图纸会审	1）识读绿化施工图	（1）方法：讲授法、案例教学法 （2）重点与难点：图纸会审内容和要求	4
			2）图纸会审内容和要求		
		（2）园林绿化施工技术核定	1）园林绿化施工技术核定的概念	（1）方法：讲授法、案例教学法 （2）重点与难点：施工技术核定方法和要求	4
			2）施工技术核定方法和要求		
		（3）园林绿化施工日志填写	1）施工日志类型和内容	（1）方法：讲授法、案例教学法、实训法 （2）重点与难点：施工日志内容	4
			2）施工日志填写要求		
	4-2 园林绿化养护管理	（1）绿化养护年度月历编制	1）绿化养护年度月历编制依据	（1）方法：讲授法、案例教学法、实训法 （2）重点与难点：绿化养护年度月历编制要点	4
			2）绿化养护年度月历编制要点（养护要求、养护内容、绿地状况、考核标准等）		
			3）绿化养护年度月历案例		
		（2）养护内业资料收集、归档和数据采集	1）养护内业资料范围	（1）方法：讲授法、演示法 （2）重点与难点：养护内业资料数据采集案例	2
			2）养护内业资料收集方法		
			3）养护内业资料归档要求		
			4）养护内业资料数据采集（目的、需求、有效性识别等）案例		
		（3）养护工作执行进度监督和检查	1）养护工作过程控制（监督）	（1）方法：讲授法 （2）重点与难点：养护工作过程控制	2
			2）养护工作执行进度检查（考核）		

续表

模块	课程	学习单元	课程内容	培训建议	课堂学时
4．技术管理和培训	4-3 技术总结和培训	（1）园林绿化技术培养	1）园林绿化技术 2）技术特长培养方法和案例	（1）方法：讲授法、案例教学法 （2）重点与难点：技术总结方法、技术培训指导方法	8
		（2）园林绿化技术总结和培训指导	1）技术总结方法和案例 2）技术培训指导对象 3）技术培训指导方法和案例		
课堂学时合计					156

2.2.5 二级/技师职业技能培训课程规范

模块	课程	学习单元	课程内容	培训建议	课堂学时
1．园林绿化识别和植物繁育	1-1 植物识别和应用	园林植物配置应用	1）园林植物生态适应 2）园林植物配置形式 3）园林植物应用案例	（1）方法：讲授法、实训法、案例教学法 （2）重点与难点：不同树木的生态习性和植物配置原理	16
	1-2 有害生物识别	园林有害生物诊断	1）虫害特征与诊断 ①食叶性害虫 ②刺吸性害虫 ③蛀干性害虫 ④食根性害虫 2）病害特征与诊断 ①非侵染性病害 ②侵染性病害 ③线虫病害 ④寄生性种子植物病害 3）其他有害生物诊断 ①草害 ②螨害 ③软体动物危害	（1）方法：讲授法、演示法、案例教学法 （2）重点与难点：虫害与其他有害生物的区分、侵染性病害与非侵染性病害的区分、不同类别有害生物的危害特征	8

续表

模块	课程	学习单元	课程内容	培训建议	课堂学时
2．园林绿化设计和施工	2-1 园林绿化设计应用	园林绿地景点调整种植设计	1）园林绿地景点分析评判的思路与方法 2）园林绿地景点寻找问题的途径与方法 3）园林绿地景点解决问题的对策与方法 4）园林绿地景点调整设计的步骤与方法 5）花卉的配置与运用 6）园林绿地景点调整种植设计图绘制要求与方法	（1）方法：讲授法、案例教学法、实训法 （2）重点与难点：园林绿地景点寻找问题的途径与方法、园林绿地景点解决问题的对策与方法	28
	2-2 整地和土壤改良	常规土壤改良方案编制	1）土壤改良方案主要内容 2）土壤改良方案编制要点	（1）方法：讲授法、案例教学法、实训法 （2）重点与难点：土壤改良方案编制要点	4
	2-3 施工测量放样	园林绿化施工放样复测和验线	1）常用测量仪器的类型和使用 2）施工放样复测 ①方法和技术要点 ②操作 3）施工放样验线 ①方法和技术要点 ②操作	（1）方法：讲授法、案例教学法、演示法、实训法 （2）重点与难点：施工放样验线方法	8
	2-4 园林绿化施工	（1）较复杂（大型）绿化工程施工组织和技术指导	1）绿化工程施工图识图 2）绿化工程作业班组组织 3）绿化工程技术交底 4）绿化工程现场技术指导	（1）方法：讲授法、案例教学法、讨论法 （2）重点与难点：较复杂（大型）绿化工程技术交底	4

续表

模块	课程	学习单元	课程内容	培训建议	课堂学时
2. 园林绿化设计和施工	2-4 园林绿化施工	（2）施工质量控制	1）施工质量控制要求	（1）方法：讲授法、案例教学法、讨论法 （2）重点与难点：施工质量、环境、职业健康安全控制方法	4
			2）施工质量控制方法		
		（3）施工环境控制	1）施工环境控制要求		2
			2）施工环境控制方法		
		（4）施工职业健康安全控制	1）施工职业健康安全控制要求		2
			2）施工职业健康安全控制方法		
		（5）绿化工程质量验收	1）绿化工程质量验收标准	（1）方法：讲授法、案例教学法 （2）重点与难点：绿化工程质量验收标准	4
			2）绿化工程质量验收准备、流程和要点		
3. 园林绿化养护	3-1 灌溉和排水	灌溉系统布设	1）喷灌系统 ①概述 ②布置	（1）方法：讲授法、观摩法 （2）重点与难点：喷灌系统布置	4
			2）水肥一体化系统 ①概述 ②敷设 ③使用		
	3-2 施肥	特殊条件（植物）施肥方案编制	1）特殊条件调查、分析	（1）方法：讲授法、案例教学法、实训法 （2）重点与难点：特殊条件和植物长势调查及肥料需求分析	4
			2）植物长势调查、分析		
			3）施肥要求		
			4）特殊条件（植物）施肥方案编制要点		
	3-3 修剪	特殊用途、生长特性和生长环境造型树木整形修剪和更新复壮	1）特殊用途造型树木整形修剪和更新复壮	（1）方法：讲授法、演示法、观摩法、实训法 （2）重点与难点：编制特殊用途、生长特性和生长环境修剪方案	8
			2）特殊生长特性造型树木整形修剪和更新复壮		
			3）特殊生长环境造型树木整形修剪和更新复壮		

续表

模块	课程	学习单元	课程内容	培训建议	课堂学时
3. 园林绿化养护	3-4 植物保护	区域有害生物监测	1) 编制区域有害生物监测计划 2) 编制区域有害生物监测实施方案	(1) 方法：讲授法、案例教学法、实训法 (2) 重点与难点：编制区域有害生物监测计划	4
	3-5 树木和古树名木保护与复壮	(1) 古树名木常规保护方案编制	1) 古树名木常规保护方案编制依据 2) 古树名木现状调查和分析 3) 古树名木常规保护方案文本编制	(1) 方法：讲授法、案例教学法、实训法 (2) 重点与难点：古树名木现状调查，古树名木保护条件分析和应对措施	4
		(2) 衰老树复壮	1) 衰老树复壮的意义和价值 2) 衰老树复壮的主要措施 3) 衰老树复壮作业（工具、材料、步骤等）	(1) 方法：讲授法、演示法、实训法 (2) 重点与难点：衰老树复壮的主要措施	4
	3-6 防灾减灾和树木补植	苗木防治自然灾害技术方案编制	1) 自然灾害的类型 2) 应对自然灾害的技术措施 3) 编制苗木防治自然灾害技术方案	(1) 方法：讲授法、案例教学法、实训法 (2) 重点与难点：应对自然灾害的技术措施	4
4. 技术管理和培训	4-1 园林绿化施工管理	(1) 园林绿化工程投标文件编制	1) 投标文件主要内容 2) 投标文件编制要点	(1) 方法：讲授法、案例教学法、讨论法 (2) 重点与难点：投标文件、预算书编制要点	4
		(2) 园林绿化工程预算书编制	1) 预算书主要内容 2) 预算书编制要点		4
		(3) 非季节施工专项方案编制	1) 非季节施工专项方案主要内容 2) 非季节施工专项方案编制要点	(1) 方法：讲授法、案例教学法、讨论法 (2) 重点与难点：非季节、盐碱地施工专项方案编制要点	4
		(4) 盐碱地施工专项方案编制	1) 盐碱地施工专项方案主要内容 2) 盐碱地施工专项方案编制要点		4

续表

模块	课程	学习单元	课程内容	培训建议	课堂学时
4. 技术管理和培训	4-1 园林绿化施工管理	（5）施工组织设计方案编制	1）编制工程概况 2）施工组织设计方案框架及编制要点 3）编制施工进度计划 4）编制施工准备工作计划 5）绘制施工平面布置图	（1）方法：讲授法、案例教学法、讨论法 （2）重点与难点：施工组织设计方案编制要点	8
	4-2 园林绿化养护管理	（1）绿地整体养护管理方案编制	1）绿地整体养护管理方案编制依据 2）绿地现状调查和分析 3）绿地养护管理要求和标准 4）绿地整体养护管理方案文本编制	（1）方法：讲授法、项目教学法 （2）重点与难点：绿地现状调查和分析，绿地整体养护管理方案文本编制	8
		（2）园林绿化养护物资管理	1）养护物资管理概念 2）养护物资管理目的和意义 3）养护物资管理的内容 4）养护物资管理的方法	（1）方法：讲授法 （2）重点与难点：养护物资管理的内容和方法	4
		（3）园林绿化养护考核方案和改进计划编制	1）园林绿化养护考核目标分析 2）编制园林绿化养护考核方案 3）编制园林绿化养护改进计划	（1）方法：讲授法 （2）重点与难点：园林绿化养护考核目标分析、编制园林绿化养护改进计划	4

续表

模块	课程	学习单元	课程内容	培训建议	课堂学时
4. 技术管理和培训	4-3 技术总结和培训	(1) 园林绿化技术工作总结撰写	1) 技术工作总结的内容 2) 技术工作总结撰写要点	(1) 方法：讲授法、演示法、案例教学法 (2) 重点与难点：技术总结能力和传授知识技巧	4
		(2) 园林绿化新技术推广和应用	1) 新技术推广 2) 新技术应用		4
		(3) 低级别技术工培训计划编制	1) 培训需求调查和分析 2) 培训计划内容 3) 培训计划编制要点		4
		(4) 低级别技术工培训	1) 培训方法 2) 培训内容 3) 培训准备 4) 培训实施 5) 培训总结		4
课堂学时合计					168

2.2.6 一级／高级技师职业技能培训课程规范

模块	课程	学习单元	课程内容	培训建议	课堂学时
1. 园林绿化设计和施工	1-1 园林绿化设计应用	园林绿地改建种植设计	1) 园林绿地改建设计依据 2) 园林绿地改建设计目标 3) 园林绿地改建设计原则 4) 园林绿地改建设计方法 5) 园林绿地种植设计方法 6) 园林绿地改建种植设计标准要求 7) 园林绿地改建种植设计文件要求	(1) 方法：讲授法、案例教学法、实训法、观摩法 (2) 重点与难点：园林绿地改建设计原则、园林绿地改建设计方法	40

续表

模块	课程	学习单元	课程内容	培训建议	课堂学时
1. 园林绿化设计和施工	1-2 整地和土壤改良	土壤改良专项方案编制	1）土壤改良方法	（1）方法：讲授法、案例教学法、实训法 （2）重点与难点：土壤改良专项方案内容和编制要点	8
			2）土壤改良专项方案内容和编制要点		
	1-3 园林绿化施工	（1）施工现场组织协调	1）施工现场组织协调要求	（1）方法：讲授法、案例教学法 （2）重点与难点：施工现场组织协调方法	8
			2）施工现场组织协调方法		
		（2）施工疑难问题解决	1）施工常见疑难问题	（1）方法：讲授法、案例教学法 （2）重点与难点：施工疑难问题解决方法	8
			2）施工疑难问题解决方法和案例		
		（3）施工质量问题调查、整改和监督落实	1）施工质量问题调查		4
			2）施工质量问题整改		
			3）施工质量问题整改监督落实		
		（4）施工环境问题调查、整改和监督落实	1）施工环境问题调查	（1）方法：讲授法、案例教学法、讨论法 （2）重点与难点：质量、环境、职业健康安全问题整改	4
			2）施工环境问题整改		
			3）施工环境问题整改监督落实		
		（5）施工职业健康安全问题调查、整改和监督落实	1）施工职业健康安全问题调查		4
			2）施工职业健康安全问题整改		
			3）施工职业健康安全问题整改监督落实		
		（6）工程竣工移交	1）工程竣工移交内容和要求	（1）方法：讲授法、案例教学法 （2）重点与难点：工程竣工移交内容	4
			2）工程竣工移交准备和实施		

续表

模块	课程	学习单元	课程内容	培训建议	课堂学时
2. 园林绿化养护	2-1 修剪	修剪技术方案编制	1）编制苗木造型修剪技术方案 2）编制乔木类圃苗整形修剪技术方案 3）编制灌木类圃苗整形修剪技术方案	（1）方法：讲授法、演示法、实训法 （2）重点与难点：修剪技术方案编制要点	24
	2-2 树木和古树名木保护与复壮	古树名木复壮抢救方案编制	1）古树名木生长情况调查和问题判断 2）古树名木复壮抢救条件分析 3）古树名木复壮抢救方案文本编制	（1）方法：讲授法、案例教学法、实训法 （2）重点与难点：古树名木复壮抢救措施	8
	2-3 防灾减灾和树木补植	防灾减灾综合应急预案编制	1）灾害情况调查和资料收集 2）灾害风险评估 3）应急预案编制要点	（1）方法：讲授法、案例教学法 （2）重点与难点：灾害风险评估、应急预案编制要点	4
3. 技术管理和培训	3-1 园林绿化施工管理	（1）园林绿化工程合同编制	1）主要内容 2）编制要点	（1）方法：讲授法、案例教学法、讨论法 （2）重点与难点：园林绿化工程施工方案、施工进度计划、施工验收文件、施工小结等编制要点	4
		（2）特殊条件下园林绿化施工方案编制	1）主要内容 2）编制要点		4
		（3）园林绿化施工进度计划编制	1）主要内容 2）编制要点		4
		（4）园林绿化施工资源需求计划编制	1）主要内容 2）编制要点		4
		（5）园林绿化施工作业计划编制	1）主要内容 2）编制要点		4
		（6）园林绿化施工验收文件编制	1）主要内容 2）编制要点		4
		（7）园林绿化施工小结编制	1）主要内容 2）编制要点		4

续表

模块	课程	学习单元	课程内容	培训建议	课堂学时
3．技术管理和培训	3-2 园林绿化养护管理	（1）绿化养护年度总结和专项总结	1）编写绿化养护年度总结 2）编写绿化养护专项总结	（1）方法：讲授法、演示法、实训法 （2）重点与难点：绿化养护年度总结和专项总结的区别、编写要点	4
		（2）绿化养护技术方案编制	1）编制目的和依据 2）编制要点	（1）方法：讲授法、演示法、案例教学法 （2）重点与难点：编制要点	4
		（3）绿化养护典型案例及其问题解决方案编制	1）养护技术和管理案例素材搜集 2）养护技术和管理案例典型性分析 3）养护技术和管理案例 4）养护技术和管理问题分析 5）养护技术和管理问题解决方案编制要点	（1）方法：讲授法、案例教学法、讨论法 （2）重点与难点：养护技术和管理案例典型性分析、问题分析	8
		（4）绿化养护成本管理	1）绿化养护成本组成 2）绿化养护成本分析 3）绿化养护成本控制（事前、事中、事后） 4）绿化养护成本核算	（1）方法：讲授法、案例教学法 （2）重点与难点：绿化养护成本分析和控制	4
	3-3 技术总结和培训	（1）技术培训资料编写	1）技术培训需求分析 2）技术培训资料内容 3）技术培训资料编写要点	（1）方法：讲授法、案例教学法、实训法 （2）重点与难点：技术研究和创新能力	12
		（2）技术革新与创造	1）技术革新 2）技术创造		
		（3）技术小结或论文撰写	1）技术小结或论文撰写内容 2）技术小结或论文撰写要点		
课堂学时合计					176

2.2.7 培训建议中培训方法说明

（1）讲授法

讲授法指教师主要运用语言讲述，系统地向学员传授知识，传播思想理念。教师通过叙述、描绘、解释、推论来传递信息、传授知识、阐明概念、论证定律和公式，引导学员获取知识，认识和分析问题。

（2）讨论法

讨论法指在教师的指导下，学员以班级或小组为单位，围绕学习单元的内容，对某一专题进行深入探讨，通过讨论或辩论活动，从而获得知识或巩固知识的一种教学方法，要求教师在讨论结束时对讨论的主题做归纳性总结。

（3）实训（练习）法

实训（练习）法指学员在教师的指导下巩固知识、运用知识、形成技能技巧的方法，通过实际操作的练习形成操作技能。

（4）参观法

参观法指教师组织或指导学员进行实地观察、调查、研究和学习，使学员获得新知识或巩固已学知识的教学方法。参观法可细分为准备性参观、并行性参观、总结性参观等。

（5）演示法

演示法指在教学过程中，教师通过示范操作和讲解使学员获得知识、技能的教学方法。教学中，教师对操作内容进行现场演示，边操作边讲解，强调操作的关键步骤和注意事项，使学员边学边做，理论与技能并重，师生互动，提高学生的学习兴趣和学习效率。

（6）案例教学法

案例教学法指通过对案例进行分析，提出问题，分析问题，并找到解决问题的途径和手段，培养学员分析问题、处理问题的能力。

（7）项目教学法

项目教学法指以实际应用为目的，将理论知识与实际工作相结合，通过师生共同完成一个完整的项目工作，使学员获得知识、实践操作能力与解决实际问题能力的教学方法。其实施以小组为学习单位，步骤一般分为确定项目任务、计划、决策、实施、检查、评价6个步骤。强调学员在学习过程中的主体地位，以学员为中心，以学员学习为主、教师指导为辅，通过完成教学项目，激发学员的学习积极性，使学员既获得相关理论知识，又掌握实践技能和工作方法，提高学员解决实际问题的综合能力。

(8) 实物示教法

实物示教法指教师通过实物的操作演示或对学员实物操作演示的评价,实现对学员技能操作步骤和要领掌握情况的检查、纠正、修正,并演示正确操作方法的一种教学方法。

(9) 观摩法

观摩法指让学员通过现场观摩、观看视频等形式,学习、获取知识、技能的一种教学方法。

2.3 考核规范

2.3.1 职业基本素质培训考核规范

考核范围	考核比重(%)	考核内容		考核比重(%)	考核单元
1. 职业认知和职业道德	10	1-1	职业认知	3	职业认知
		1-2	职业道德	4	职业道德
		1-3	职业守则	3	职业守则
2. 园林绿化基础知识	30	2-1	园林绿化概论	4	园林绿化概论
		2-2	园林美学	4	园林美学
		2-3	植物及分类	7	植物及分类
		2-4	植物生理	5	植物生理
		2-5	植物生态	5	植物生态
		2-6	植物栽培和繁育	5	植物栽培和繁育
3. 园林绿化专业知识	35	3-1	园林绿化设计	5	园林绿地设计基础
		3-2	园林绿化施工	12	(1) 园林绿化施工内容和质量要求
					(2) 园林绿化施工图
					(3) 整地和土壤改良基础
					(4) 施工测量放样基础
					(5) 园林植物栽植和栽植后管理基础
					(6) 园林绿化施工工具、机具、台账和档案管理

续表

考核范围	考核比重（%）	考核内容	考核比重（%）	考核单元
3．园林绿化专业知识	35	3-3 园林绿化养护	18	（1）园林绿化养护内容和质量要求
				（2）松土、除草、切边、覆盖基础
				（3）园林植物水肥管理基础
				（4）园林植物修剪基础
				（5）园林植物保护基础
				（6）古树名木养护基础
				（7）园林植物防护基础
				（8）园林绿化养护工具、机具、台账和档案管理
4．园林绿化安全生产知识	15	4-1 安全生产一般知识	3	安全生产一般知识
		4-2 园林绿化施工、养护安全知识	4	园林绿化施工、养护安全知识
		4-3 农药、肥料、化学药品安全使用和保管知识	4	农药、肥料、化学药品安全使用和保管知识
		4-4 工具、机具、机械设备安全使用和维护知识	4	工具、机具、机械设备安全使用和维护知识
5．相关法律、法规、标准知识	10	5-1 法律知识	3	法律知识
		5-2 法规知识	3	法规知识
		5-3 标准知识	3	标准知识
		5-4 其他知识	1	技术文件和管理办法

2.3.2　五级／初级工职业技能培训理论知识考核规范

考核范围	考核比重（%）	考核内容	考核比重（%）	考核单元
1．园林绿化识别和植物繁育	40	1-1 植物识别和应用	20	（1）园林树木识别
				（2）园林花卉识别
		1-2 有害生物识别	15	（1）园林害虫识别
				（2）园林病害识别
				（3）常见杂草识别
		1-3 植物繁育	5	（1）播种繁殖
				（2）分生繁殖

续表

考核范围	考核比重（%）	考核内容	考核比重（%）	考核单元
2. 园林绿化设计和施工	25	2-1 整地和土壤改良	10	（1）场地粗平整 （2）整地工具维护
		2-2 园林绿化施工	15	（1）小灌木栽植 （2）草坪铺植 （3）地被植物栽植
3. 园林绿化养护	35	3-1 松土、除草、切边和覆盖	5	松土、除草、切边和覆盖
		3-2 灌溉和排水	5	灌溉、排水作业及设施维护
		3-3 施肥	10	施肥作业
		3-4 修剪	5	（1）绿篱、球类植物、草坪和草本花卉修剪 （2）修剪工具和机具维护
		3-5 植物保护	5	（1）绿地病虫害踏查 （2）药剂配制和喷施
		3-6 防灾减灾和树木补植	5	树木防护

2.3.3 五级／初级工职业技能培训操作技能考核规范

考核范围	考核比重（%）	考核内容		考核比重（%）	考核形式	选考方式	考核时间（分钟）	重要程度
1. 园林绿化识别和植物繁育	35	1-1 植物识别和应用	园林植物和有害生物识别（抽考30种）	25	实操	必考	20	X
		1-2 有害生物识别						
		1-3 植物繁育	播种繁殖或分生繁殖	10	实操	必考	20	Y
2. 园林绿化设计和施工	30	2-1 整地和土壤改良	场地粗平整和整地工具维护	10	实操	必考	30	X
		2-2 园林绿化施工	小灌木栽植或草坪铺植或地被植物栽植	20	实操	必考	30	X

续表

考核范围	考核比重（%）	考核内容		考核比重（%）	考核形式	选考方式	考核时间（分钟）	重要程度
3.园林绿化养护	35	3-1 松土、除草、切边和覆盖	松土、除草、切边、插片和覆盖作业	15	实操	抽考（四抽一）	30	X
		3-2 施肥	基肥施用（环状开沟法或放射状开沟法）		实操		30	X
		3-3 植物保护	药剂配制和喷施（使用背包式喷雾器）		实操		30	X
		3-4 防灾减灾和树木补植	树木打桩支撑（杉木桩或毛竹桩）		实操		30	X
		3-5 修剪	绿篱修剪或球类植物修剪或草坪修剪	20	实操	必考	15	X

说明：重要程度"X"表示核心要素，是鉴定中最重要、出现频率最高的内容，具有必备性、典型性的特点。"Y"表示一般要素，是鉴定中一般重要的内容。"Z"表示辅助要素，是鉴定中重要程度较低的内容。

2.3.4 四级／中级工职业技能培训理论知识考核规范

考核范围	考核比重（%）	考核内容	考核比重（%）	考核单元
1.园林绿化识别和植物繁育	30	1-1 植物识别和应用	10	（1）园林树木识别
				（2）园林花卉识别
		1-2 有害生物识别	10	（1）园林害虫识别
				（2）园林病害识别
		1-3 植物繁育	10	（1）扦插繁殖
				（2）压条繁殖

续表

考核范围	考核比重（%）	考核内容	考核比重（%）	考核单元
2. 园林绿化设计和施工	30	2-1 园林绿化设计应用	8	设计图例识别
		2-2 整地和土壤改良	8	（1）土壤酸碱性快速检测和判定 （2）场地细平整 （3）土壤消毒
		2-3 施工测量放样	7	园林绿化种植放样
		2-4 园林绿化施工	7	（1）大灌木和小乔木栽植 （2）垂直绿化植物栽植 （3）花坛植物栽植
3. 园林绿化养护	35	3-1 灌溉和排水	3	灌溉管理
		3-2 施肥	4	施肥管理
		3-3 修剪	15	园林植物修剪
		3-4 植物保护	5	（1）打药机具、物理防治器具使用和维护 （2）病虫害防治效果调查
		3-5 防灾减灾和树木补植	8	树木防腐和补洞
4. 技术管理和培训	5	4-1 园林绿化养护管理	5	（1）日常养护工作组织安排 （2）养护内业资料填写

2.3.5 四级/中级工职业技能培训操作技能考核规范

考核范围	考核比重（%）	考核内容		考核比重（%）	考核形式	选考方式	考核时间（分钟）	重要程度
1. 园林绿化识别和植物繁育	35	1-1 植物识别和应用	园林植物和有害生物识别（抽考45种）	25	实操	必考	30	X
		1-2 有害生物识别						
		1-3 植物繁育	扦插繁殖或压条繁殖	10	实操	必考	20	Y

续表

考核范围	考核比重（%）	考核内容		考核比重（%）	考核形式	选考方式	考核时间（分钟）	重要程度
2. 园林绿化设计和施工	30	2-1 园林绿化设计应用	设计图例识别与绘制	10	笔试	抽考（三抽一）	60	X
		2-2 整地和土壤改良	土壤酸碱性快速检测和判定、场地细平整和土壤消毒		实操		60	X
		2-3 施工测量放样	园林绿化种植放样		实操		60	X
		2-4 园林绿化施工	大灌木栽植或小乔木栽植或垂直绿化植物栽植或花坛植物栽植	20	实操	必考	60	X
3. 园林绿化养护	30	3-1 修剪	造型植物修剪或花灌木修剪或花境植物修剪或容器植物修剪	20	实操	必考	30	X
		3-2 植物保护	使用车载打药机具完成打药作业	10	实操	抽考（二抽一）	30	X
		3-3 防灾减灾和树木补植	树洞修补		实操		30	X
4. 技术管理和培训	5	4-1 园林绿化养护管理	养护内业资料填写	5	笔试	必考	10	X

2.3.6 三级／高级工职业技能培训理论知识考核规范

考核范围	考核比重（%）	考核内容	考核比重（%）	考核单元
1. 园林绿化识别和植物繁育	30	1-1 植物识别和应用	12	（1）园林树木识别
				（2）园林花卉识别
		1-2 有害生物识别	10	园林有害生物识别
		1-3 植物繁育	8	嫁接繁殖

续表

考核范围	考核比重（%）	考核内容	考核比重（%）	考核单元
2. 园林绿化设计和施工	30	2-1 园林绿化设计应用	10	园林绿地种植设计调查草测
		2-2 整地和土壤改良	5	（1）土壤改良
				（2）土方造型
		2-3 施工测量放样	5	园林绿化施工放样测量
		2-4 园林绿化施工	10	（1）乔木移植
				（2）水生植物栽植
				（3）竹类栽植
				（4）花境植物栽植
3. 园林绿化养护	25	3-1 灌溉和排水	4	灌溉、排水设施管理和操作
		3-2 施肥	4	园林植物缺素症状识别和治疗
		3-3 修剪	8	植物修剪和艺术造型
		3-4 植物保护	3	植物保护
		3-5 树木和古树名木保护与复壮	3	古树名木常规养护
		3-6 防灾减灾和树木补植	3	树木补植计划和方案编制
4. 技术管理和培训	15	4-1 园林绿化施工管理	5	（1）园林绿化施工图纸会审
				（2）园林绿化施工技术核定
				（3）园林绿化施工日志填写
		4-2 园林绿化养护管理	5	（1）绿化养护年度月历编制
				（2）养护内业资料收集、归档和数据采集
				（3）养护工作执行进度监督和检查
		4-3 技术总结和培训	5	（1）园林绿化技术培养
				（2）园林绿化技术总结和培训指导

2.3.7 三级/高级工职业技能培训操作技能考核规范

考核范围	考核比重（%）	考核内容		考核比重（%）	考核形式	选考方式	考核时间（分钟）	重要程度
1. 园林绿化识别和植物繁育	30	1-1 植物识别和应用	园林植物和有害生物识别（抽考60种）	20	实操	必考	40	X
		1-2 有害生物识别						
		1-3 植物繁育	嫁接繁殖	10	实操	必考	20	Y
2. 园林绿化设计和施工	30	2-1 园林绿化设计应用	园林绿地种植设计调查草测	10	笔试	必考	60	X
		2-2 施工测量放样	园林绿化施工放样测量和乔木移植（或水生植物栽植、或竹类栽植、或花境植物栽植）	20	实操	必考	120	X
		2-3 园林绿化施工						
3. 园林绿化养护	30	3-1 修剪	观赏植物整形修剪	15	实操	必考	30	X
		3-2 植物保护	重点病虫害综合治理方案编制	15	笔试	抽考（二抽一）	30	X
		3-3 树木和古树名木保护与复壮	古树名木常规养护方案编制		笔试		30	X
4. 技术管理和培训	10	4-1 园林绿化施工管理	园林绿化施工日志填写	10	笔试	抽考（三抽一）	30	X
		4-2 园林绿化养护管理	绿化养护年度月历编制		笔试		60	X
		4-3 技术总结和培训	园林绿化技术总结和培训指导		笔试+口试		30	X

2.3.8 二级/技师职业技能培训理论知识考核规范

考核范围	考核比重（%）	考核内容		考核比重（%）	考核单元
1. 园林绿化识别和植物繁育	15	1-1	植物识别和应用	10	园林植物配置应用
		1-2	有害生物识别	5	园林有害生物诊断
2. 园林绿化设计和施工	30	2-1	园林绿化设计应用	10	园林绿地景点调整种植设计
		2-2	整地和土壤改良	5	常规土壤改良方案编制
		2-3	施工测量放样	5	园林绿化施工放样复测和验线
		2-4	园林绿化施工	10	（1）较复杂（大型）绿化工程施工组织和技术指导 （2）施工质量控制 （3）施工环境控制 （4）施工职业健康安全控制 （5）绿化工程质量验收
3. 园林绿化养护	30	3-1	灌溉和排水	5	灌溉系统布设
		3-2	施肥	5	特殊条件（植物）施肥方案编制
		3-3	修剪	5	特殊用途、生长特性和生长环境造型树木整形修剪和更新复壮
		3-4	植物保护	5	区域有害生物监测
		3-5	树木和古树名木保护与复壮	5	（1）古树名木常规保护方案编制 （2）衰老树复壮
		3-6	防灾减灾和树木补植	5	苗木防治自然灾害技术方案编制
4. 技术管理和培训	25	4-1	园林绿化施工管理	8	（1）园林绿化工程投标文件编制 （2）园林绿化工程预算书编制 （3）非季节施工专项方案编制 （4）盐碱地施工专项方案编制 （5）施工组织设计方案编制

续表

考核范围	考核比重（%）	考核内容	考核比重（%）	考核单元
4. 技术管理和培训	25	4-2 园林绿化养护管理	8	（1）绿地整体养护管理方案编制
				（2）园林绿化养护物资管理
				（3）园林绿化养护考核方案和改进计划编制
		4-3 技术总结和培训	9	（1）园林绿化技术工作总结撰写
				（2）园林绿化新技术推广和应用
				（3）低级别技术工培训计划编制
				（4）低级别技术工培训

2.3.9 二级/技师职业技能培训操作技能考核规范

考核范围	考核比重（%）	考核内容		考核比重（%）	考核形式	选考方式	考核时间（分钟）	重要程度
1. 园林绿化识别和植物繁育	15	1-1 植物识别和应用	园林植物配置应用	15	笔试	抽考（二抽一）	30	X
		1-2 有害生物识别	园林有害生物诊断（每类抽1种，共10种）		实操		20	Y
2. 园林绿化设计和施工	35	2-1 园林绿化设计应用	园林绿地景点调整种植设计	15	笔试	必考	60	X
		2-2 整地和土壤改良	常规土壤改良方案编制、园林绿化施工放样复测和验线、较复杂（大型）绿化工程施工组织和技术指导	20	笔试+实操+口试	必考	90	X
		2-3 施工测量放样						
		2-4 园林绿化施工						

续表

考核范围	考核比重（%）	考核内容		考核比重（%）	考核形式	选考方式	考核时间（分钟）	重要程度
3. 园林绿化养护	30	3-1 施肥	特殊条件（植物）施肥方案编制	15	笔试	抽考（二抽一）	30	X
		3-2 植物保护	区域有害生物监测计划和实施方案编制		笔试		30	X
		3-3 修剪	特殊用途或生长特性或生长环境造型树木整形修剪和更新复壮方案编制	15	笔试	抽考（三抽一）	60	X
		3-4 树木和古树名木保护与复壮	古树名木常规保护方案编制		笔试		60	X
		3-5 防灾减灾和树木补植	苗木防治自然灾害技术方案编制		笔试		60	X
4. 技术管理和培训	20	4-1 园林绿化施工管理	非季节施工专项方案或盐碱地施工专项方案或施工组织设计方案编制	10	笔试	抽考（二抽一）	90	X
		4-2 园林绿化养护管理	绿地整体养护管理方案编制		笔试		90	X
		4-3 技术总结和培训	园林绿化技术工作总结撰写或低级别技术工培训计划编制	10	笔试+口试	必考	30	X

2.3.10 一级/高级技师职业技能培训理论知识考核规范

考核范围	考核比重（%）	考核内容	考核比重（%）	考核单元
1. 园林绿化设计和施工	35	1-1 园林绿化设计应用	10	园林绿地改建种植设计
		1-2 整地和土壤改良	10	土壤改良专项方案编制
		1-3 园林绿化施工	15	（1）施工现场组织协调 （2）施工疑难问题解决 （3）施工质量问题调查、整改和监督落实 （4）施工环境问题调查、整改和监督落实 （5）施工职业健康安全问题调查、整改和监督落实 （6）工程竣工移交
2. 园林绿化养护	30	2-1 修剪	10	修剪技术方案编制
		2-2 树木和古树名木保护与复壮	10	古树名木复壮抢救方案编制
		2-3 防灾减灾和树木补植	10	防灾减灾综合应急预案编制
3. 技术管理和培训	35	3-1 园林绿化施工管理	10	（1）园林绿化工程合同编制 （2）特殊条件下园林绿化施工方案编制 （3）施工进度计划编制 （4）施工资源需求计划编制 （5）施工作业计划编制 （6）施工验收文件编制 （7）施工小结编制
		3-2 园林绿化养护管理	15	（1）绿化养护年度总结和专项总结 （2）绿化养护技术方案编制 （3）绿化养护典型案例及其问题解决方案编制 （4）绿化养护成本管理
		3-3 技术总结和培训	10	（1）技术培训资料编写 （2）技术革新与创造 （3）技术总结或论文撰写

2.3.11 一级/高级技师职业技能培训操作技能考核规范

考核范围	考核比重(%)	考核内容		考核比重(%)	考核形式	选考方式	考核时间(分钟)	重要程度
1. 园林绿化设计和施工	40	1-1 园林绿化设计应用	园林绿地改建种植设计	20	笔试	必考	120	X
		1-2 整地和土壤改良	土壤改良专项方案编制和施工疑难问题解决（案例分析）	20	笔试	必考	60	X
		1-3 园林绿化施工						
2. 园林绿化养护	30	2-1 修剪	苗木造型修剪技术方案或乔木类圃苗整形修剪技术方案或灌木类圃苗整形修剪技术方案编制	15	笔试	必考	30	X
		2-2 树木和古树名木保护与复壮	古树名木复壮抢救方案编制	15	笔试	抽考（二抽一）	60	Y
		2-3 防灾减灾和树木补植	防灾减灾综合应急预案编制		笔试		60	Y
3. 技术管理和培训	30	3-1 园林绿化施工管理	特殊条件下园林绿化施工方案编制	15	笔试	抽考（二抽一）	90	X
		3-2 园林绿化养护管理	绿化养护技术方案编制或绿化养护典型案例及其问题解决方案编制		笔试		90	X
		3-3 技术总结和培训	技术培训资料编写或技术小结撰写或技术论文撰写	15	笔试+口试	必考	30	X

附录

培训要求与课程规范对照表

附录

附录1 职业基本素质培训要求与课程规范对照表

2.1.1 职业基本素质培训要求			2.2.1 职业基本素质培训课程规范			
职业基本素质模块（模块）	培训内容（课程）	培训细目	学习单元	课程内容	培训建议	课堂学时
1. 职业认知和职业道德	1-1 职业认知	（1）园林绿化行业简介 （2）园林绿化工简介 （3）园林绿化工的工作内容	职业认知	1）园林绿化行业认知 2）园林绿化工职业认知	（1）方法：讲授法 （2）重点与难点：园林绿化工的工作内容	1
	1-2 职业道德	（1）职业道德简介 （2）园林绿化从业人员职业道德规范	职业道德	1）职业道德的概念 2）职业道德的内容 3）职业道德的特点 4）职业道德的社会作用 5）园林绿化工职业道德规范	（1）方法：讲授法、案例教学法 （2）重点与难点：园林绿化工职业道德规范	1
	1-3 职业守则	职业守则简介	职业守则	1）职业守则的概念 2）职业守则的内容	（1）方法：讲授法、案例教学法 （2）重点与难点：职业守则的内容	1
2. 园林绿化基础知识	2-1 园林绿化概论	（1）园林绿化及其发展概况 （2）园林绿化形式和功能 （3）园林绿化相关指标 （4）中外园林史	园林绿化概论	1）园林绿化及其发展概况 2）园林绿化形式和功能 3）园林绿化相关指标 4）中外园林史	（1）方法：讲授法、案例教学法 （2）重点与难点：园林绿化相关指标	1
	2-2 园林美学	（1）园林美学基本概念 （2）园林美学表现形式 （3）园林美学鉴赏途径 （4）园林美学表达方法	园林美学	1）园林美学基本概念 2）园林美学表现形式 3）园林美学鉴赏途径 4）园林美学表达方法	（1）方法：讲授法、案例教学法 （2）重点与难点：园林美学表现形式	1

续表

2.1.1 职业基本素质培训要求			2.2.1 职业基本素质培训课程规范			
职业基本素质模块（模块）	培训内容（课程）	培训细目	学习单元	课程内容	培训建议	课堂学时
2. 园林绿化基础知识	2-3 植物及分类	（1）植物器官 （2）植物分类基础 （3）植物类型及特征 （4）园林树木基础 （5）园林花卉基础 （6）地被植物基础 （7）草坪基础	植物及分类	1）植物器官 2）植物分类基础 3）植物类型及特征 4）园林树木基础 5）园林花卉基础 6）地被植物基础 7）草坪基础	（1）方法：讲授法、案例教学法 （2）重点与难点：植物分类基础	2
	2-4 植物生理	（1）植物生长周期 （2）植物的三大作用 （3）植物营养生长和生殖生长 （4）植物营养物质 （5）植物生长物质	植物生理	1）植物生理的概念 2）植物生长周期 3）植物的三大作用 4）植物营养生长和生殖生长 5）植物营养物质的运输、分配和积累 6）植物生长物质	（1）方法：讲授法 （2）重点与难点：植物生长周期、植物营养物质的运输和分配	2
	2-5 植物生态	（1）植物生存环境 （2）植物和环境的关系 （3）植物群落特征及动态 （4）植物间相互影响 （5）环境干扰	植物生态	1）植物生态的概念 2）植物生存环境 3）植物和环境的关系 4）植物群落特征及动态 5）植物间相互影响 6）环境干扰	（1）方法：讲授法 （2）重点与难点：植物群落特征及动态、植物间相互影响、环境干扰	2
	2-6 植物栽培和繁育	（1）植物栽培基础 （2）植物繁育基础 （3）苗圃抚育管理	植物栽培和繁育	1）植物栽培基础 2）植物繁育基础 3）苗圃抚育管理	（1）方法：讲授法 （2）重点与难点：植物栽培基础	1
3. 园林绿化专业知识	3-1 园林绿化设计	（1）园林绿地设计概述 （2）园林绿地设计元素 （3）园林绿地设计形式基本特征 （4）园林绿地设计风格识别 （5）园林绿地设计文件	园林绿地设计基础	1）园林绿地设计概述 2）园林绿地设计元素 3）园林绿地设计形式基本特征 4）园林绿地设计风格识别 5）园林绿地设计文件	（1）方法：讲授法、案例教学法 （2）重点与难点：园林绿地设计文件	4

续表

2.1.1 职业基本素质培训要求			2.2.1 职业基本素质培训课程规范			
职业基本素质模块（模块）	培训内容（课程）	培训细目	学习单元	课程内容	培训建议	课堂学时
3. 园林绿化专业知识	3-2 园林绿化施工	（1）园林绿化施工内容和质量要求 （2）园林绿化施工图 （3）整地和土壤改良基础 （4）施工测量放样基础 （5）园林植物栽植和栽植后管理基础 （6）园林绿化施工工具、机具管理 （7）园林绿化施工台账和档案管理	（1）园林绿化施工内容和质量要求	1）园林绿化施工内容 2）园林绿化施工质量要求	（1）方法：讲授法、案例教学法 （2）重点与难点：园林绿化施工质量要求	1
			（2）园林绿化施工图	1）园林绿化施工图内容 2）园林绿化施工图特点 3）园林绿化施工图要求	（1）方法：讲授法、案例教学法 （2）重点与难点：园林绿化施工图要求	1
			（3）整地和土壤改良基础	1）整地内容、要求和方法 2）土壤改良目的和方法	（1）方法：讲授法、案例教学法 （2）重点与难点：土壤改良目的和方法	1
			（4）施工测量放样基础	1）施工测量概念 2）施工测量仪器种类和用途 3）施工测量方法 4）施工放样概念和方法 5）施工放样测量概述	（1）方法：讲授法、案例教学法 （2）重点与难点：施工测量方法、施工放样方法	1
			（5）园林植物栽植和栽植后管理基础	1）园林植物栽植概念 2）园林植物栽植常用方法 3）园林植物栽植后管理内容和质量要求	（1）方法：讲授法、案例教学法 （2）重点与难点：栽植后管理内容和质量要求	3
			（6）园林绿化施工工具、机具、台账和档案管理	1）园林绿化施工工具、机具的种类和作用 2）园林绿化施工台账和档案的意义和价值 3）园林绿化施工台账和档案的主要类别和作用	（1）方法：讲授法、演示法 （2）重点与难点：园林绿化施工台账和档案的价值和作用	1

续表

2.1.1 职业基本素质培训要求			2.2.1 职业基本素质培训课程规范			
职业基本素质模块（模块）	培训内容（课程）	培训细目	学习单元	课程内容	培训建议	课堂学时
3. 园林绿化专业知识	3-3 园林绿化养护	（1）园林绿化养护内容和质量要求 （2）松土、除草、切边、覆盖基础 （3）园林植物水肥管理基础 （4）园林植物修剪基础 （5）园林植物保护基础 （6）古树名木养护基础 （7）园林植物防护基础 （8）园林绿化养护工具、机具管理 （9）园林绿化养护台账和档案管理	（1）园林绿化养护内容和质量要求	1）园林绿化养护概述 2）园林绿化养护内容 3）园林绿化养护质量要求	（1）方法：讲授法 （2）重点与难点：园林绿化养护内容和质量要求	1
			（2）松土、除草、切边、覆盖基础	1）松土、除草、切边、覆盖的概念 2）松土的作用、时间和深度 3）除草的作用和时间 4）切边的作用、方法和要求 5）覆盖的作用和覆盖材料类型	（1）方法：讲授法、案例教学法 （2）重点与难点：松土、除草、切边、覆盖的作用	1
			（3）园林植物水肥管理基础	1）水分对植物生长的重要意义 2）灌溉的概念、基本原则和方法 3）排水的概念和方法 4）植物生长和养分的关系 5）施肥的概念和作用 6）施肥基本原则 7）施肥的方法 8）肥料类型和特点	（1）方法：讲授法 （2）重点：水分对植物生长的重要意义，植物生长和养分的关系 （3）难点：肥料类型和特点	1
			（4）园林植物修剪基础	1）修剪目的、意义和原理 2）修剪基本原则 3）修剪主要技法	（1）方法：讲授法 （2）重点：修剪原理 （3）难点：修剪主要技法	1

续表

2.1.1 职业基本素质培训要求			2.2.1 职业基本素质培训课程规范			
职业基本素质模块（模块）	培训内容（课程）	培训细目	学习单元	课程内容	培训建议	课堂学时
3. 园林绿化专业知识	3-3 园林绿化养护	（1）园林绿化养护内容和质量要求 （2）松土、除草、切边、覆盖基础 （3）园林植物水肥管理基础 （4）园林植物修剪基础 （5）园林植物保护基础 （6）古树名木养护基础 （7）园林植物防护基础 （8）园林绿化养护工具、机具管理 （9）园林绿化养护台账和档案管理	（5）园林植物保护基础	1）病害的概念、类型和危害性 2）虫害的概念、类型和危害性 3）杂草及其他有害生物的概念和危害性 4）有害生物综合防治理念和主要防治方法 5）防治药剂的作用机理、类型及优缺点 6）常用的打药机械设备	（1）方法：讲授法 （2）重点与难点：有害生物综合防治理念和主要防治方法，防治药剂的作用机理、类型	1
			（6）古树名木养护基础	1）古树名木界定标准 2）古树名木养护原则	（1）方法：讲授法 （2）重点与难点：古树名木养护原则	1
			（7）园林植物防护基础	1）高温对植物的危害 2）低温对植物的危害（防雪、防寒、防冻等） 3）风害 4）旱涝灾害 5）大树防腐的基本要求 6）树洞修补基础	（1）方法：讲授法、案例教学法 （2）重点：高温、低温和风对植物的危害 （3）难点：大树防腐的基本要求和树洞修补基础	1
			（8）园林绿化养护工具、机具、台账和档案管理	1）园林绿化养护工具、机具的种类和作用 2）园林绿化养护台账和档案的意义和价值 3）园林绿化养护台账和档案的主要类别和作用	（1）方法：讲授法、演示法 （2）重点与难点：园林绿化养护台账和档案的价值和作用	1
4. 园林绿化安全生产知识	4-1 安全生产一般知识	（1）安全生产基本法律法规 （2）安全生产一般规定 （3）安全常识	安全生产一般知识	1）安全生产基本法律法规 2）安全生产一般规定 3）安全常识	（1）方法：讲授法、案例教学法 （2）重点与难点：安全生产一般规定	1

续表

2.1.1 职业基本素质培训要求			2.2.1 职业基本素质培训课程规范			
职业基本素质模块（模块）	培训内容（课程）	培训细目	学习单元	课程内容	培训建议	课堂学时
4. 园林绿化安全生产知识	4-2 园林绿化施工、养护安全知识	（1）园林绿化施工、养护环境特点 （2）防护用品及其使用 （3）安全事故预防 （4）一般安全事故应急处理 （5）工伤急救知识 （6）灾害性天气的预防、抢救和善后处理	园林绿化施工、养护安全知识	1）园林绿化施工环境特点 2）园林绿化养护环境特点 3）防护用品种类及用途 4）安全事故预防 5）一般安全事故应急处理 6）工伤急救知识 7）灾害性天气的预防、抢救和善后处理	（1）方法：讲授法、案例教学法 （2）重点与难点：灾害性天气的预防、抢救和善后处理	1
	4-3 农药、肥料、化学药品安全使用和保管知识	（1）安全使用知识 （2）安全保管知识	农药、肥料、化学药品安全使用和保管知识	1）农药安全使用和保管 2）肥料安全使用和保管 3）化学药品安全使用和保管	（1）方法：讲授法、案例教学法 （2）重点与难点：农药、肥料、化学药品安全使用和保管	1
	4-4 工具、机具、机械设备安全使用和维护知识	（1）安全使用知识 （2）安全维护知识	工具、机具、机械设备安全使用和维护知识	1）工具安全使用和维护 2）机具安全使用和维护 3）机械设备安全使用和维护	（1）方法：讲授法、案例教学法 （2）重点与难点：工具、机具、机械设备安全使用和维护	1
5. 相关法律、法规、标准知识	5-1 法律知识	（1）《中华人民共和国劳动法》 （2）《中华人民共和国森林法》 （3）《中华人民共和国环境保护法》 （4）《中华人民共和国招标投标法》 （5）其他	法律知识	1）《中华人民共和国劳动法》 2）《中华人民共和国森林法》 3）《中华人民共和国环境保护法》 4）《中华人民共和国招标投标法》 5）其他	（1）方法：讲授法、案例教学法 （2）重点与难点：《中华人民共和国劳动法》	1

续表

2.1.1 职业基本素质培训要求			2.2.1 职业基本素质培训课程规范			
职业基本素质模块（模块）	培训内容（课程）	培训细目	学习单元	课程内容	培训建议	课堂学时
5. 相关法律、法规、标准知识	5-2 法规知识	（1）国务院《城市绿化条例》和本地区城市绿化管理办法或条例 （2）《中华人民共和国植物新品种保护条例》 （3）《农药管理条例》 （4）《危险化学品安全管理条例》 （5）其他	法规知识	1)《城市绿化条例》（中华人民共和国国务院令第100号）和本地区城市绿化管理办法或条例 2)《中华人民共和国植物新品种保护条例》（中华人民共和国国务院令第213号） 3)《农药管理条例》（中华人民共和国国务院令第677号） 4)《危险化学品安全管理条例》（中华人民共和国国务院令第645号） 5) 其他	（1）方法：讲授法、案例教学法 （2）重点与难点：《城市绿化条例》	1
	5-3 标准知识	（1）已颁布的有关园林绿化设计、施工、验收、养护等方面的国标、行标、地标和团标 （2）园林绿化材料相关标准 （3）园林绿化相关的其他标准	标准知识	1) 园林绿化设计国标、行标、地标和团标 2) 园林绿化施工国标、行标、地标和团标 3) 园林绿化验收国标、行标、地标和团标 4) 园林绿化养护国标、行标、地标和团标 5) 园林绿化材料标准 6) 园林绿化相关的其他标准	（1）方法：讲授法、案例教学法 （2）重点与难点：园林绿化设计、施工、验收、养护地标	1
	5-4 其他知识	（1）园林绿化相关技术文件 （2）园林绿化相关管理办法	技术文件和管理办法	1) 园林绿化相关技术文件 2) 园林绿化相关管理办法		1
课堂学时合计						40

附录2　五级/初级工职业技能培训要求与课程规范对照表

2.1.2　五级/初级工职业技能培训要求				2.2.2　五级/初级工职业技能培训课程规范			
职业功能模块（模块）	培训内容（课程）	技能目标	培训细目	学习单元	课程内容	培训建议	课堂学时
1. 园林绿化识别和植物繁育	1-1 植物识别和应用	1-1-1 能识别本地区常见园林植物种30%以上（不低于40种）	(1) 园林树木识别 (2) 园林花卉识别	(1) 园林树木识别	1) 针叶树 ①常绿针叶树 ②落叶针叶树	(1) 方法：讲授法、实训法 (2) 重点与难点：各类树种识别	8
					2) 阔叶树 ①常绿阔叶树 ②落叶阔叶树		
				(2) 园林花卉识别	1) 露地花卉 ①一二年生花卉 ②球根、宿根花卉 ③水生花卉 ④地被植物 ⑤蕨类植物 ⑥草坪植物 ⑦木本花卉	(1) 方法：讲授法、实训法 (2) 重点与难点：各类花卉识别	8
					2) 温室花卉 ①观花类 ②观叶、观茎类		
	1-2 有害生物识别	1-2-1 能识别本地区常见园林有害生物20种以上	(1) 园林害虫识别 (2) 园林病害识别 (3) 杂草识别	(1) 园林害虫识别	1) 常见害虫介绍	(1) 方法：讲授法、实训法 (2) 重点与难点：四类害虫的危害特点及生活习性	4
					2) 害虫类型及识别方法 ①食叶性害虫 ②刺吸性害虫 ③蛀干性害虫 ④食根性害虫		
				(2) 园林病害识别	1) 常见病害介绍	(1) 方法：讲授法、实训法 (2) 重点与难点：两类病害的发生特点及识别特征	4
					2) 病害类型及识别方法 ①非侵染性病害 ②侵染性病害		
				(3) 常见杂草识别	1) 园林杂草的特性	(1) 方法：讲授法、实训法 (2) 重点与难点：常见杂草的识别	4
					2) 常见杂草的识别		

续表

2.1.2 五级/初级工职业技能培训要求					2.2.2 五级/初级工职业技能培训课程规范			
职业功能模块（模块）	培训内容（课程）	技能目标	培训细目	学习单元	课程内容	培训建议	课堂学时
1. 园林绿化识别和植物繁育	1-3 植物繁育	1-3-1 能进行播种、分生等植物繁殖工作	(1) 播种繁殖 (2) 分生繁殖	(1) 播种繁殖	1) 播种基础 ①概念 ②种子储藏与播前处理 ③播种时间与方式 ④种子萌发环境条件 ⑤适用植物	(1) 方法：讲授法、案例教学法、实训法 (2) 重点与难点：播种繁殖操作	4
					2) 播种方法、操作和管理 ①盆播 ②穴盘播 ③苗床播		
				(2) 分生繁殖	1) 分生繁殖基础 ①概念和特点 ②方法和要求 ③适用植物		4
					2) 分生繁殖操作和养护 ①分株 ②分球		
2. 园林绿化设计和施工	2-1 整地和土壤改良	2-1-1 能使用整地工具进行场地粗平整	(1) 整地工具使用 (2) 场地粗平整	(1) 场地粗平整	1) 整地工具种类和使用方法	(1) 方法：演示法、讲授法、实训法 (2) 重点与难点：场地粗平整要求和操作	4
					2) 场地粗平整要求		
					3) 场地粗平整操作		
		2-1-2 能维护整地工具	(1) 整地工具装配 (2) 整地工具矫正	(2) 整地工具维护	1) 整地工具装配 ①装配要求 ②装配操作	(1) 方法：演示法、讲授法、实训法 (2) 重点与难点：整地工具矫正	4
					2) 整地工具矫正 ①矫正要点 ②矫正操作		

续表

2.1.2 五级/初级工职业技能培训要求					2.2.2 五级/初级工职业技能培训课程规范			
职业功能模块（模块）	培训内容（课程）	技能目标	培训细目	学习单元	课程内容	培训建议	课堂学时
2. 园林绿化设计和施工	2-2 园林绿化施工	2-2-1 能栽植小灌木	(1) 卸车和分苗 (2) 栽植准备 (3) 栽植 (4) 栽植后管理	(1) 小灌木栽植	1) 栽植流程和技术要点	(1) 方法：演示法、讲授法、实训法 (2) 重点与难点：栽（铺）植流程和技术要点、栽（铺）植后管理	8
					2) 栽植操作		
					3) 栽植后管理		
		2-2-2 能铺植草坪	(1) 铺植准备 (2) 铺植 (3) 铺植后管理	(2) 草坪铺植	1) 铺植流程和技术要点		4
					2) 铺植操作		
					3) 铺植后管理		
		2-2-3 能栽植地被植物	(1) 栽植准备 (2) 栽植 (3) 栽植后管理	(3) 地被植物栽植	1) 栽植流程和技术要点		8
					2) 栽植操作		
					3) 栽植后管理		
3. 园林绿化养护	3-1 松土、除草、切边和覆盖	3-1-1 能完成松土作业	(1) 松土机具使用 (2) 松土作业	松土、除草、切边和覆盖	1) 松土 ①松土前准备 ②松土和深翻 ③松土后地表整理 ④松土机具使用	(1) 方法：讲授法、演示法、实训法 (2) 重点与难点：松土和切边	8
		3-1-2 能开展除草作业	(1) 除草剂使用 (2) 除草操作		2) 除草 ①除草方法 ②除草剂种类和使用方法		
		3-1-3 能完成切边和插片作业	(1) 切边工具使用 (2) 切边作业 (3) 插片选择和使用		3) 切边和插片 ①切边宽度和深度 ②插片的类型和应用		
		3-1-4 能整理树坛，并进行覆盖	(1) 树坛整理作业 (2) 覆盖物铺设 (3) 盖板安装 (4) 盖板维护		4) 树坛整理和覆盖 ①树坛土壤整理 ②覆盖物铺设 ③盖板安装和维护		

续表

2.1.2 五级/初级工职业技能培训要求				2.2.2 五级/初级工职业技能培训课程规范			
职业功能模块（模块）	培训内容（课程）	技能目标	培训细目	学习单元	课程内容	培训建议	课堂学时
3. 园林绿化养护	3-2 灌溉和排水	3-2-1 能完成灌溉作业和灌溉设施维护	(1) 灌溉设施、机具使用和维护 (2) 灌溉操作 (3) 灌溉效果检验	灌溉、排水作业及设施维护	1) 灌溉 ①灌溉的时间 ②质量要求 ③灌溉设施（滴灌、喷灌）和机具的使用、维护 ④灌溉效果检验	(1) 方法：讲授法、演示法、实训法 (2) 重点与难点：灌溉和排水的设施使用、效（结）果检验	8
		3-2-2 能完成排水作业和排水设施维护	(1) 排水设施使用和维护 (2) 排水操作 (3) 排水结果检验		2) 排水 ①排水设施类型、使用和维护 ②排水结果检验		
	3-3 施肥	3-3-1 能完成基肥施用	(1) 基肥施用方法选择 (2) 基肥施用操作	施肥作业	1) 穴施法 2) 环状开沟法 3) 放射状开沟法 4) 液体肥施用方法	(1) 方法：讲授法、演示法、实训法 (2) 重点与难点：开沟的原则、样式和大小，施肥量控制	8
		3-3-2 能完成追肥作业	(1) 追肥方法选择 (2) 追肥操作		5) 追肥的时间、追肥量和操作方法		
	3-4 修剪	3-4-1 能在高等级园林绿化工指导下修剪绿篱、球类植物	(1) 修剪工具、机具使用 (2) 绿篱修剪 (3) 球类植物修剪	(1) 绿篱、球类植物、草坪和草本花卉修剪	1) 修剪工具、机具使用 2) 常见绿篱的修剪 3) 常见球类植物的修剪	(1) 方法：讲授法、演示法、实训法 (2) 重点与难点：绿篱、球类植物、草坪和草本花卉修剪	12
		3-4-2 能在高等级园林绿化工指导下修剪草坪、草本花卉	(1) 修剪工具、机具使用 (2) 草坪修剪 (3) 草本花卉修剪		4) 草坪草种类和修剪要求 5) 草本花卉修剪		

续表

2.1.2 五级/初级工职业技能培训要求				2.2.2 五级/初级工职业技能培训课程规范			
职业功能模块（模块）	培训内容（课程）	技能目标	培训细目	学习单元	课程内容	培训建议	课堂学时
3. 园林绿化养护	3-4 修剪	3-4-3 能维护修剪工具、机具	(1) 修剪工具（修枝剪、修枝锯、高枝剪、高枝锯、绿篱剪）保养 (2) 草坪修剪机具维护 (3) 绿篱修剪机具维护	(2) 修剪工具和机具维护	1) 修剪工具（修枝剪、修枝锯、高枝剪、高枝锯、绿篱剪）保养 2) 修剪机具的类型、特点、用途 3) 草坪修剪机具维护 4) 绿篱修剪机具维护	(1) 方法：讲授法、演示法、实训法 (2) 重点与难点：各种修剪机具的特点和维护	8
	3-5 植物保护	3-5-1 能踏查绿地病虫害，并及时汇报给高等级园林绿化工	(1) 绿地病虫害踏查 (2) 踏查记录和情况汇报	(1) 绿地病虫害踏查	1) 病虫害踏查的目的和意义 2) 病虫害踏查的方法	(1) 方法：讲授法、演示法、实训法 (2) 重点与难点：病虫害踏查的方法	4
		3-5-2 能在高等级园林绿化工指导下配制和喷施药剂	(1) 药剂选择 (2) 药剂称量和配制 (3) 喷施药剂 (4) 药剂喷施后器械清洗	(2) 药剂配制和喷施	1) 药剂类型 2) 施药方法 3) 药剂称量和配制方法 4) 药剂喷施注意事项、防护措施和施药安全事项	(1) 方法：讲授法、演示法、实训法 (2) 重点与难点：药剂称量和配制方法	4
	3-6 防灾减灾和树木补植	3-6-1 能完成树木支撑作业	(1) 树木扶正 (2) 竖桩	树木防护	1) 树木支撑 ①支撑桩的类型和特点 ②疏枝、培土 ③打桩、绑扎 ④扶正 2) 植物防寒、防冻、防雪措施 3) 植物高温期防护措施 4) 植物防风措施 5) 植物防旱、防涝措施	(1) 方法：讲授法、演示法、实训法 (2) 重点与难点：树木支撑，植物防寒、防高温和防风等措施	12
		3-6-2 能完成植物防寒、防冻、高温期防护、防风等防护作业	(1) 植物防寒、防冻、防雪操作 (2) 植物高温期防护操作 (3) 植物防风操作 (4) 植物防旱、防涝操作				
课堂学时合计								128

附录3　四级/中级工职业技能培训要求与课程规范对照表

2.1.3 四级/中级工职业技能培训要求				2.2.3 四级/中级工职业技能培训课程规范			
职业功能模块（模块）	培训内容（课程）	技能目标	培训细目	学习单元	课程内容	培训建议	课堂学时
1. 园林绿化识别和植物繁育	1-1 植物识别和应用	1-1-1 能识别本地区常见园林植物种40%以上（不低于60种）	(1) 园林树木识别 (2) 园林花卉识别	(1) 园林树木识别	1）裸子植物主要科及代表树种 2）被子植物主要科及代表树种 ①双子叶植物 ②单子叶植物	(1) 方法：讲授法、演示法、实训法 (2) 重点与难点：不同树木的特征	8
				(2) 园林花卉识别	1）露地花卉 2）温室花卉	(1) 方法：讲授法、实训法 (2) 重点与难点：不同花卉的特征	8
	1-2 有害生物识别	1-2-1 能识别本地区常见园林有害生物30种以上	(1) 园林害虫识别 (2) 园林病害识别	(1) 园林害虫识别	1）食叶性害虫（刺蛾、夜蛾、螟蛾等） 2）刺吸性害虫（蚜虫、介壳虫等） 3）蛀干性害虫（天牛、象甲等） 4）食根性害虫（蛴螬、蝼蛄等）	(1) 方法：讲授法、实训法、案例教学法 (2) 重点与难点：各类害虫识别和危害特点	4
				(2) 园林病害识别	1）非侵染性病害（药害、缺素等） 2）侵染性病害（真菌病害、细菌病害、病毒病害等）	(1) 方法：讲授法、实训法、案例教学法 (2) 重点与难点：各类病害识别要点	4
	1-3 植物繁育	1-3-1 能完成扦插、压条等植物繁殖工作	(1) 扦插繁殖 (2) 压条繁殖	(1) 扦插繁殖	1）扦插繁殖基础 ①概念和特点 ②种类和方法 ③影响扦插成活的环境因素 ④适用植物 2）扦插繁殖操作和养护 ①枝插 ②叶插 ③根插	(1) 方法：讲授法、演示法、案例教学法、实训法 (2) 重点与难点：不同繁殖方法的选材和操作技巧	8

续表

2.1.3 四级/中级工职业技能培训要求				2.2.3 四级/中级工职业技能培训课程规范			
职业功能模块（模块）	培训内容（课程）	技能目标	培训细目	学习单元	课程内容	培训建议	课堂学时
1. 园林绿化识别和植物繁育	1-3 植物繁育	1-3-1 能完成扦插、压条等植物繁殖工作	(1) 扦插繁殖 (2) 压条繁殖	(2) 压条繁殖	1) 压条繁殖基础 ①概念和特点 ②方法 ③适用植物 2) 压条繁殖操作和养护 ①普通压条 ②波状压条 ③堆土压条 ④高空压条		
2. 园林绿化设计和施工	2-1 园林绿化设计应用	2-1-1 能识别设计图例	(1) 植物元素图例识别 (2) 山石元素图例识别 (3) 水体元素图例识别 (4) 建筑元素图例识别 (5) 小品设施图例识别 (6) 工程设施图例识别	设计图例识别	1) 图例的名称 2) 图例的表述 3) 图例的说明	(1) 方法：演示法、讲授法、案例教学法 (2) 重点与难点：植物元素图例识别	12
	2-2 整地和土壤改良	2-2-1 能检测和判定土壤酸碱性	(1) 土壤酸碱性检测试纸使用 (2) 土壤酸碱性判定	(1) 土壤酸碱性快速检测和判定	1) 土壤酸碱性的概念 2) 土壤酸碱性检测试纸使用方法 3) 土壤酸碱性判定	(1) 方法：讲授法、演示法、实训法 (2) 重点与难点：土壤酸碱性检测试纸使用方法	4
		2-2-2 能完成场地细平整和土壤消毒作业	(1) 场地细平整 (2) 土壤消毒	(2) 场地细平整	1) 场地细平整要求 2) 场地细平整操作	(1) 方法：讲授法、案例教学法、实训法、演示法 (2) 重点与难点：场地细平整操作	4
				(3) 土壤消毒	1) 土壤消毒方法 2) 土壤消毒流程和操作 ①流程和技术要点 ②操作	(1) 方法：讲授法、演示法、实训法 (2) 重点与难点：土壤消毒流程和操作	4

续表

2.1.3 四级/中级工职业技能培训要求				2.2.3 四级/中级工职业技能培训课程规范			
职业功能模块（模块）	培训内容（课程）	技能目标	培训细目	学习单元	课程内容	培训建议	课堂学时
2. 园林绿化设计和施工	2-3 施工测量放样	2-3-1 能完成园林绿化种植放样作业	(1) 放样工具使用 (2) 种植放样操作	园林绿化种植放样	1) 放样基础 ①放样目的 ②放样方法 2) 放样工具 ①种类 ②使用方法 3) 种植放样 ①流程和技术要点 ②操作	(1) 方法：讲授法、演示法、实训法 (2) 重点与难点：放样工具使用方法、种植放样操作	8
	2-4 园林绿化施工	2-4-1 能栽植大灌木和小乔木	(1) 栽植准备 (2) 树穴挖掘 (3) 假植 (4) 栽植 (5) 支撑 (6) 栽植后管理	(1) 大灌木和小乔木栽植	1) 栽植流程和技术要点 2) 栽植操作 3) 栽植后管理	(1) 方法：讲授法、演示法、实训法 (2) 重点与难点：栽植流程和技术要点	16
		2-4-2 能栽植垂直绿化植物（如藤本植物等）	(1) 栽植准备 (2) 栽植 (3) 栽植后管理	(2) 垂直绿化植物栽植	1) 栽植流程和技术要点 2) 栽植操作 3) 栽植后管理		4
		2-4-3 能栽植花坛植物	(1) 栽植准备 (2) 栽植 (3) 栽植后管理	(3) 花坛植物栽植	1) 花坛类型和特点 2) 栽植要求 3) 栽植流程和技术要点 4) 栽植操作 5) 栽植后管理		8
3. 园林绿化养护	3-1 灌溉和排水	3-1-1 能编制绿地灌溉方案	(1) 确定灌溉时间、浇水量等 (2) 编制灌溉方案	灌溉管理	1) 灌溉方案内容（灌溉时间、浇水量、灌溉要求、灌溉质量检验） 2) 编制灌溉方案	(1) 方法：讲授法、案例法、实训法 (2) 重点与难点：灌溉和施肥方案编制	4
	3-2 施肥	3-2-1 能编制绿地施肥方案	(1) 确定施肥时间、施肥量等 (2) 编制施肥方案	施肥管理	1) 当地土壤性状 2) 施肥方案内容（施肥时间、施肥量、肥料种类、施肥方法） 3) 编制施肥方案		4

续表

2.1.3 四级/中级工职业技能培训要求				2.2.3 四级/中级工职业技能培训课程规范			
职业功能模块（模块）	培训内容（课程）	技能目标	培训细目	学习单元	课程内容	培训建议	课堂学时
3. 园林绿化养护	3-3 修剪	3-3-1 能修剪一般造型植物	(1) 修剪工具、机具使用 (2) 一般造型植物修剪	园林植物修剪	1) 一般造型植物修剪	(1) 方法：讲授法、演示法、实训法 (2) 重点与难点：各种类型植物的修剪技法	16
		3-3-2 能修剪花灌木、竹类、藤本植物	(1) 修剪工具、机具使用 (2) 花灌木修剪 (3) 竹类修剪 (4) 藤本植物修剪		2) 花灌木修剪 3) 竹类修剪 4) 藤本植物修剪		
		3-3-3 能修剪花境植物	(1) 修剪工具、机具使用 (2) 花境植物修剪		5) 花境植物修剪		
		3-3-4 能修剪容器植物	(1) 修剪工具、机具使用 (2) 容器植物修剪		6) 容器植物修剪		
	3-4 植物保护	3-4-1 能使用和维护打药机具和物理防治器具	(1) 打药机具使用和保养 (2) 物理防治器具使用和维护	(1) 打药机具、物理防治器具使用和维护	1) 打药机具 ①操作方法 ②清洁 ③保养 2) 物理防治器具 ①类型及特点 ②使用 ③维护	(1) 方法：讲授法、演示法、实训法 (2) 重点与难点：各类机具及器具的使用方法	4
		3-4-2 能调查绿地病虫害防治效果	(1) 绿地病虫害防治效果调查 (2) 调查结果统计、分析和总结	(2) 病虫害防治效果调查	1) 防治效果调查方法 2) 调查结果统计、分析和总结	(1) 方法：讲授法、实训法 (2) 重点与难点：病虫害防治效果调查方法	4
	3-5 防灾减灾和树木补植	3-5-1 能给树木防腐和补洞	(1) 树木防腐 (2) 树洞修补	树木防腐和补洞	1) 大树防腐（材料、工具和操作步骤） 2) 树洞产生的原因 3) 树洞类型 4) 树洞修补工具和材料 5) 树洞修补步骤	(1) 方法：讲授法、演示法、实训法 (2) 重点与难点：大树防腐和树洞修补的技术要点	8

续表

2.1.3 四级/中级工职业技能培训要求					2.2.3 四级/中级工职业技能培训课程规范			
职业功能模块（模块）	培训内容（课程）	技能目标	培训细目	学习单元	课程内容	培训建议	课堂学时
4. 技术管理和培训	4-1 园林绿化养护管理	4-1-1 能组织和安排绿地日常养护工作	（1）日常养护工作组织 （2）日常养护工作安排	（1）日常养护工作组织安排	1）日常养护工作内容 2）日常养护人员、物资的组织和安排	（1）方法：讲授法、案例法、实训法 （2）重点与难点：日常养护工作组织安排	2
		4-1-2 能填写养护内业资料	（1）区别养护内业资料类型 （2）养护内业资料填写	（2）养护内业资料填写	1）内业资料的类型 2）内业资料填写要求		2
课堂学时合计							136

附录4 三级/高级工职业技能培训要求与课程规范对照表

2.1.4 三级/高级工职业技能培训要求					2.2.4 三级/高级工职业技能培训课程规范			
职业功能模块（模块）	培训内容（课程）	技能目标	培训细目	学习单元	课程内容	培训建议	课堂学时
1. 园林绿化识别和植物繁育	1-1 植物识别和应用	1-1-1 能识别本地区常见园林植物种（含品种）60%以上（不低于80种）	（1）园林树木识别 （2）园林花卉识别	（1）园林树木识别	1）常见乔木（含品种） 2）常见灌木（含品种） 3）常见木质藤本植物（含品种）	（1）方法：讲授法、演示法、案例法、实训法 （2）重点与难点：不同树木的特征	8
				（2）园林花卉识别	1）露地花卉（含品种） 2）温室花卉（含品种） 3）常见新优花卉（含品种）	（1）方法：讲授法、演示法、案例法、实训法 （2）重点与难点：不同花卉的特征	8
	1-2 有害生物识别	1-2-1 能识别本地区常见园林有害生物40种以上	（1）园林害虫识别 （2）园林病害识别 （3）检疫性、危险性病虫害识别	园林有害生物识别	1）园林害虫 2）园林病害 3）检疫性、危险性病虫害	（1）方法：讲授法、案例教学法、实训法 （2）重点与难点：检疫性、危险性病虫害识别	8

续表

2.1.4 三级/高级工职业技能培训要求				2.2.4 三级/高级工职业技能培训课程规范			
职业功能模块（模块）	培训内容（课程）	技能目标	培训细目	学习单元	课程内容	培训建议	课堂学时
1. 园林绿化识别和植物繁育	1-3 植物繁育	1-3-1 能完成嫁接等植物繁殖工作	（1）嫁接繁殖方法选择 （2）嫁接繁殖操作 （3）嫁接繁殖后养护	嫁接繁殖	1）嫁接繁殖基础 ①概念和特点 ②种类和方法 ③适用植物 2）嫁接繁殖操作和养护 ①枝接 ②芽接	（1）方法：讲授法、演示法、实训法 （2）重点与难点：嫁接繁殖操作	8
2. 园林绿化设计和施工	2-1 园林绿化设计应用	2-1-1 能完成园林绿地种植设计调查草测	（1）园林绿地中植物群落草测 （2）园林绿地植物群落草测平面图绘制 （3）园林绿地植物群落草测平面图标注	园林绿地种植设计调查草测	1）园林绿地种植设计调查方法 2）园林绿地种植设计草测技巧 3）园林绿地种植设计草测图绘制和标注	（1）方法：讲授法、演示法、实训法 （2）重点与难点：园林绿地种植设计草测技巧	16
	2-2 整地和土壤改良	2-2-1 能改良园林绿地土壤（含种植槽穴）	（1）土壤改良方法选用 （2）土壤改良操作	（1）土壤改良	1）土壤改良基础 ①概念和目的 ②方法和技术要点 2）种植槽穴土壤改良操作	（1）方法：讲授法、案例教学法、演示法、实训法 （2）重点与难点：土壤改良方法和技术要点	4
		2-2-2 能完成园林绿地土方造型作业	（1）土方造型方法选用 （2）堆土操作 （3）挖土操作	（2）土方造型	1）土方造型基础 ①概念和目的 ②方法和技术要点 2）土方造型操作 ①挖土 ②堆土	（1）方法：讲授法、案例教学法、演示法、实训法 （2）重点与难点：土方造型方法和技术要点	4
	2-3 施工测量放样	2-3-1 能完成园林绿化施工放样测量作业	（1）施工测量仪器使用 （2）施工场地测量 （3）施工定点放样	园林绿化施工放样测量	1）施工测量设备使用 ①水准仪和水准尺 ②经纬仪 ③全站仪 2）施工场地测量 ①测量方法和操作 ②标高测量 3）施工定点放样 ①流程和技术要点 ②操作	（1）方法：讲授法、案例教学法、演示法、实训法 （2）重点与难点：测量方法和操作、施工定点放样方法和操作	8

附录

续表

2.1.4 三级/高级工职业技能培训要求				2.2.4 三级/高级工职业技能培训课程规范			
职业功能模块（模块）	培训内容（课程）	技能目标	培训细目	学习单元	课程内容	培训建议	课堂学时
2. 园林绿化设计和施工	2-4 园林绿化施工	2-4-1 能移植乔木	(1) 挖掘前处理 (2) 挖掘 (3) 装运 (4) 栽植 (5) 支撑 (6) 栽植后管理	(1) 乔木移植	1) 树木移植基础 ①概念 ②流程和关键技术 2) 挖掘前处理 3) 挖掘 4) 装运 5) 栽植 6) 支撑 7) 栽植后管理	(1) 方法：讲授法、案例教学法、演示法、实训法 (2) 重点与难点：树木移植关键技术、乔木栽植、乔木栽植后管理	8
		2-4-2 能栽植水生植物	(1) 栽植前处理 (2) 栽植准备 (3) 栽植 (4) 栽植后管理	(2) 水生植物栽植	1) 栽植前处理 2) 栽植流程和技术要点 3) 栽植操作 4) 栽植后管理	(1) 方法：讲授法、案例教学法、演示法、实训法 (2) 重点与难点：栽植流程和技术要点、栽植后管理	4
		2-4-3 能栽植竹类	(1) 栽植准备 (2) 挖掘 (3) 栽植 (4) 栽植后管理	(3) 竹类栽植	1) 栽植流程和技术要点 2) 栽植操作 3) 栽植后管理	(1) 方法：讲授法、案例教学法、演示法、实训法 (2) 重点与难点：栽植技术要点	4
		2-4-4 能栽植花境植物	(1) 栽植准备 (2) 栽植 (3) 栽植后管理	(4) 花境植物栽植	1) 花境类型和特点 2) 栽植要求 3) 栽植流程和技术要点 4) 栽植操作 5) 栽植后管理	(1) 方法：讲授法、演示法、实训法 (2) 重点与难点：栽植流程和技术要点	8

续表

2.1.4 三级/高级工职业技能培训要求				2.2.4 三级/高级工职业技能培训课程规范			
职业功能模块（模块）	培训内容（课程）	技能目标	培训细目	学习单元	课程内容	培训建议	课堂学时
3. 园林绿化养护	3-1 灌溉和排水	3-1-1 能开展灌溉、排水设施识图、安装、调试和操作工作	（1）灌溉设施图件识别 （2）安装、调试和操作灌溉设施 （3）排水设施图件识别 （4）安装、调试和操作排水设施	灌溉、排水设施管理和操作	1）识别灌溉设施图件 2）安装、调试和操作灌溉设施 3）识别排水设施图件 4）安装、调试和操作排水设施	（1）方法：讲授法、演示法、实训法 （2）重点与难点：安装、调试、操作灌溉和排水设施	4
		3-1-2 能开展立体绿化的灌溉和排水作业	（1）立体绿化灌溉 （2）立体绿化排水		5）立体绿化灌溉、排水的特点和要求		
	3-2 施肥	3-2-1 能识别园林植物缺素症状，并进行治疗	（1）园林植物缺素症状识别 （2）园林植物缺素症状治疗	园林植物缺素症状识别和治疗	1）植物生长所需的元素及其作用 2）园林植物缺素症状识别 3）植物缺素症的治疗方法	（1）方法：讲授法、演示法、实训法 （2）重点与难点：缺素症状的识别和治疗	4
	3-3 修剪	3-3-1 能进行观赏植物整形修剪和艺术造型作业	（1）修剪工具、机具使用 （2）观赏植物整形修剪 （3）观赏植物艺术造型	植物修剪和艺术造型	1）观赏植物修剪的意义和原则 2）观赏植物整形修剪技法 3）观赏植物艺术造型技法 4）乔木修剪目的和作用 5）乔木修剪技法 ①一般性乔木修剪 ②行道树修剪	（1）方法：讲授法、演示法、实训法 （2）重点与难点：观赏植物整形修剪和艺术造型技法	16
		3-3-2 能修剪乔木	（1）修剪工具、机具使用 （2）乔木修剪				

续表

2.1.4 三级/高级工职业技能培训要求				2.2.4 三级/高级工职业技能培训课程规范			
职业功能模块（模块）	培训内容（课程）	技能目标	培训细目	学习单元	课程内容	培训建议	课堂学时
3. 园林绿化养护	3-4 植物保护	3-4-1 能编制重点病虫害综合治理方案	（1）重点病虫害综合治理 （2）编制重点病虫害综合治理方案	植物保护	1）病虫害综合治理的理念和原则 2）药剂防治主要措施及应用 3）生物防治主要措施及应用 4）物理防治主要措施及应用	（1）方法：讲授法、案例教学法、实训法 （2）重点：病虫害综合治理措施 （3）难点：病虫害年度防控计划编制要点	8
		3-4-2 能编制区域内病虫害年度防控计划	（1）区域内病虫害年度发生规律分析 （2）区域内病虫害年度防控计划文本编制		5）园艺措施在病虫害治理中的作用 6）病虫害年度防控计划编制要点		
	3-5 树木和古树名木保护与复壮	3-5-1 能开展古树名木常规养护工作	（1）古树名木养护档案建立 （2）古树名木施肥、修剪等常规养护	古树名木常规养护	1）建立古树名木养护档案 2）施肥 3）修剪 4）水分管理 5）病虫害防治 6）其他防护措施（围护、支撑、避雷等）	（1）方法：讲授法、实训法、案例教学法 （2）重点与难点：修剪、水肥管理和病虫害防治	4
	3-6 防灾减灾和树木补植	3-6-1 能编制树木补植计划和方案	（1）树木补植前调查和分析 （2）编制树木补植计划 （3）编制树木补植方案	树木补植计划和方案编制	1）树木补植前调查和分析 2）编制树木补植计划 3）编制树木补植方案	（1）方法：讲授法、案例教学法、实训法 （2）重点与难点：编制树木补植方案	4
4. 技术管理和培训	4-1 园林绿化施工管理	4-1-1 能开展图纸会审和技术核定作业	（1）园林绿化施工图纸会审 （2）园林绿化施工技术核定	（1）园林绿化施工图纸会审	1）识读绿化施工图 2）图纸会审内容和要求	（1）方法：讲授法、案例教学法 （2）重点与难点：图纸会审内容和要求	4
				（2）园林绿化施工技术核定	1）园林绿化施工技术核定的概念 2）施工技术核定方法和要求	（1）方法：讲授法、案例教学法 （2）重点与难点：施工技术核定方法和要求	4

续表

2.1.4 三级/高级工职业技能培训要求				2.2.4 三级/高级工职业技能培训课程规范			
职业功能模块（模块）	培训内容（课程）	技能目标	培训细目	学习单元	课程内容	培训建议	课堂学时
4. 技术管理和培训	4-1 园林绿化施工管理	4-1-2 能编写施工日志等施工资料	(1) 区别施工日志类型 (2) 施工日志填写	(3) 园林绿化施工日志填写	1) 施工日志类型和内容	(1) 方法：讲授法、案例教学法、实训法 (2) 重点与难点：施工日志内容	4
					2) 施工日志填写要求		
	4-2 园林绿化养护管理	4-2-1 能编制绿化养护年度月历	(1) 养护情况调查 (2) 绿化养护年度月历编制	(1) 绿化养护年度月历编制	1) 绿化养护年度月历编制依据	(1) 方法：讲授法、案例教学法、实训法 (2) 重点与难点：绿化养护年度月历编制要点	4
					2) 绿化养护年度月历编制要点（养护要求、养护内容、绿地状况、考核标准等）		
					3) 绿化养护年度月历案例		
		4-2-2 能完成园林绿化养护内业资料收集、归档、数据采集等工作	(1) 养护内业资料收集 (2) 养护内业资料归档 (3) 养护内业资料数据采集	(2) 养护内业资料收集、归档和数据采集	1) 养护内业资料范围	(1) 方法：讲授法、演示法 (2) 重点与难点：养护内业资料数据采集案例	2
					2) 养护内业资料收集方法		
					3) 养护内业资料归档要求		
					4) 养护内业资料数据采集（目的、需求、有效性识别等）案例		
		4-2-3 能对园林绿化养护工作执行进度进行监督和检查	(1) 养护工作执行进度监督 (2) 养护工作执行进度检查	(3) 养护工作执行进度监督和检查	1) 养护工作过程控制（监督）	(1) 方法：讲授法 (2) 重点与难点：养护工作过程控制	2
					2) 养护工作执行进度检查（考核）		
	4-3 技术总结和培训	4-3-1 能掌握一项以上绿化技术特长	(1) 技术梳理 (2) 技术特长培养	(1) 园林绿化技术培养	1) 园林绿化技术	(1) 方法：讲授法、案例教学法 (2) 重点与难点：技术总结方法、技术培训指导方法	8
					2) 技术特长培养方法和案例		
		4-3-2 能进行技术总结与指导	(1) 技术总结 (2) 技术培训指导	(2) 园林绿化技术总结和培训指导	1) 技术总结方法和案例		
					2) 技术培训指导对象		
					3) 技术培训指导方法和案例		
课堂学时合计							156

附录5 二级/技师职业技能培训要求与课程规范对照表

2.1.5 二级/技师职业技能培训要求				2.2.5 二级/技师职业技能培训课程规范			
职业功能模块（模块）	培训内容（课程）	技能目标	培训细目	学习单元	课程内容	培训建议	课堂学时
1. 园林绿化识别和植物繁育	1-1 植物识别和应用	1-1-1 能根据植物生态习性对常见园林植物进行配置应用	(1) 园林植物生态习性 (2) 园林植物配置应用	园林植物配置应用	1) 园林植物生态适应 2) 园林植物配置形式 3) 园林植物应用案例	(1) 方法：讲授法、实训法、案例教学法 (2) 重点与难点：不同树木的生态习性和植物配置原理	16
	1-2 有害生物识别	1-2-1 能诊断本地区园林有害生物	(1) 虫害特征与诊断 (2) 病害特征与诊断 (3) 其他有害生物诊断	园林有害生物诊断	1) 虫害特征与诊断 ①食叶性害虫 ②刺吸性害虫 ③蛀干性害虫 ④食根性害虫 2) 病害特征与诊断 ①非侵染性病害 ②侵染性病害 ③线虫病害 ④寄生性种子植物病害 3) 其他有害生物诊断 ①草害 ②螨害 ③软体动物危害	(1) 方法：讲授法、演示法、案例教学法 (2) 重点与难点：虫害与其他有害生物的区分、侵染性病害与非侵染性病害的区分、不同类别有害生物的危害特征	8
2. 园林绿化设计和施工	2-1 园林绿化设计应用	2-1-1 能进行园林绿地景点调整种植设计	(1) 找出园林绿地景点在种植设计上存在的问题 (2) 针对问题找到应对措施 (3) 绘制园林绿地景点调整种植设计图	园林绿地景点调整种植设计	1) 园林绿地景点分析评判的思路与方法 2) 园林绿地景点寻找问题的途径与方法 3) 园林绿地景点解决问题的对策与方法 4) 园林绿地景点调整设计的步骤与方法 5) 花卉的配置与运用 6) 园林绿地景点调整种植设计图绘制要求与方法	(1) 方法：讲授法、案例教学法、实训法 (2) 重点与难点：园林绿地景点寻找问题的途径与方法、园林绿地景点解决问题的对策与方法	28

续表

2.1.5 二级/技师职业技能培训要求				2.2.5 二级/技师职业技能培训课程规范			
职业功能模块（模块）	培训内容（课程）	技能目标	培训细目	学习单元	课程内容	培训建议	课堂学时
2. 园林绿化设计和施工	2-2 整地和土壤改良	2-2-1 能编制常规土壤改良方案（土壤理化性质主要指标及应用）	（1）绿地土壤情况调查 （2）编制常规土壤改良方案	常规土壤改良方案编制	1）土壤改良方案主要内容 2）土壤改良方案编制要点	（1）方法：讲授法、案例教学法、实训法 （2）重点与难点：土壤改良方案编制要点	4
	2-3 施工测量放样	2-3-1 能完成园林绿化施工放样复测和验线作业	（1）放样复测 （2）放样验线	园林绿化施工放样复测和验线	1）常用测量仪器的类型和使用 2）施工放样复测①方法和技术要点②操作 3）施工放样验线①方法和技术要点②操作	（1）方法：讲授法、案例教学法、演示法、实训法 （2）重点与难点：施工放样验线方法	8
	2-4 园林绿化施工	2-4-1 能完成较复杂（大型）绿化工程施工的识图、作业班组组织、技术交底和现场技术指导工作	（1）较复杂（大型）绿化工程施工图识图 （2）较复杂（大型）绿化工程作业班组组织 （3）较复杂（大型）绿化工程技术交底 （4）较复杂（大型）绿化工程现场技术指导	（1）较复杂（大型）绿化工程施工组织和技术指导	1）绿化工程施工图识图 2）绿化工程作业班组组织 3）绿化工程技术交底 4）绿化工程现场技术指导	（1）方法：讲授法、案例教学法、讨论法 （2）重点与难点：较复杂（大型）绿化工程技术交底	4
		2-4-2 能进行园林绿化施工质量、环境和职业健康安全控制	（1）施工质量控制 （2）施工环境控制 （3）施工职业健康安全控制	（2）施工质量控制	1）施工质量控制要求 2）施工质量控制方法	（1）方法：讲授法、案例教学法、讨论法 （2）重点与难点：施工质量、环境、职业健康安全控制方法	4
				（3）施工环境控制	1）施工环境控制要求 2）施工环境控制方法		2
				（4）施工职业健康安全控制	1）施工职业健康安全控制要求 2）施工职业健康安全控制方法		2

附录

续表

	2.1.5 二级/技师职业技能培训要求			2.2.5 二级/技师职业技能培训课程规范			
职业功能模块（模块）	培训内容（课程）	技能目标	培训细目	学习单元	课程内容	培训建议	课堂学时
2.园林绿化设计和施工	2-4 园林绿化施工	2-4-3 能完成绿化工程质量验收工作	（1）绿化工程质量验收准备 （2）绿化工程质量验收操作	（5）绿化工程质量验收	1）绿化工程质量验收标准	（1）方法：讲授法、案例教学法 （2）重点与难点：绿化工程质量验收标准	4
					2）绿化工程验收准备、流程和要点		
3.园林绿化养护	3-1 灌溉和排水	3-1-1 能参与喷灌系统的布置	（1）喷灌系统构成 （2）喷灌系统布置	灌溉系统布设	1）喷灌系统 ①概述 ②布置	（1）方法：讲授法、观摩法 （2）重点与难点：喷灌系统布置	4
		3-1-2 能参与水肥一体化系统的敷设和使用	（1）水肥一体化系统构成 （2）水肥一体化系统敷设 （3）水肥一体化系统使用		2）水肥一体化系统 ①概述 ②敷设 ③使用		
	3-2 施肥	3-2-1 能编制特殊条件（植物）的施肥方案	（1）特殊条件调查、分析 （2）植物长势调查、分析 （3）编制特殊条件（植物）施肥方案	特殊条件（植物）施肥方案编制	1）特殊条件调查、分析 2）植物长势调查、分析 3）施肥要求 4）特殊条件（植物）施肥方案编制要点	（1）方法：讲授法、案例教学法、实训法 （2）重点与难点：特殊条件和植物长势调查及肥料需求分析	4
	3-3 修剪	3-3-1 能整形修剪和更新复壮特殊用途、生长特性和生长环境造型树木	（1）特殊用途、生长特性和生长环境造型树木整形修剪 （2）特殊用途、生长特性和生长环境造型树木更新复壮	特殊用途、生长特性和生长环境造型树木整形修剪和更新复壮	1）特殊用途造型树木整形修剪和更新复壮 2）特殊生长特性造型树木整形修剪和更新复壮 3）特殊生长环境造型树木整形修剪和更新复壮	（1）方法：讲授法、演示法、观摩法、实训法 （2）重点与难点：编制特殊用途、生长特性和生长环境修剪方案	8
	3-4 植物保护	3-4-1 能编制区域有害生物监测计划和实施方案	（1）编制区域有害生物监测计划 （2）编制区域有害生物监测实施方案	区域有害生物监测	1）编制区域有害生物监测计划 2）编制区域有害生物监测实施方案	（1）方法：讲授法、案例教学法、实训法 （2）重点与难点：编制区域有害生物监测计划	4

续表

2.1.5 二级/技师职业技能培训要求				2.2.5 二级/技师职业技能培训课程规范			
职业功能模块（模块）	培训内容（课程）	技能目标	培训细目	学习单元	课程内容	培训建议	课堂学时
3. 园林绿化养护	3-5 树木和古树名木保护与复壮	3-5-1 能编制古树名木常规保护方案	（1）古树名木现状调查和分析 （2）编制古树名木常规保护方案	（1）古树名木常规保护方案编制	1）古树名木常规保护方案编制依据 2）古树名木现状调查和分析 3）古树名木常规保护方案文本编制	（1）方法：讲授法、案例教学法、实训法 （2）重点与难点：古树名木现状调查，古树名木保护条件分析和应对措施	4
3. 园林绿化养护	3-5 树木和古树名木保护与复壮	3-5-2 能复壮衰老树	（1）编制衰老树复壮技术措施 （2）衰老树复壮操作	（2）衰老树复壮	1）衰老树复壮的意义和价值 2）衰老树复壮的主要措施 3）衰老树复壮作业（工具、材料、步骤等）	（1）方法：讲授法、演示法、实训法 （2）重点与难点：衰老树复壮的主要措施	4
3. 园林绿化养护	3-6 防灾减灾和树木补植	3-6-1 能编制苗木防治自然灾害技术方案	（1）自然灾害分析 （2）苗木防治自然灾害技术方案文本编制	苗木防治自然灾害技术方案编制	1）自然灾害的类型 2）应对自然灾害的技术措施 3）编制苗木防治自然灾害技术方案	（1）方法：讲授法、案例教学法、实训法 （2）重点与难点：应对自然灾害的技术措施	4
4. 技术管理和培训	4-1 园林绿化施工管理	4-1-1 能编制园林绿化工程投标文件、预算书	（1）编制园林绿化工程投标文件 （2）编制园林绿化工程预算书	（1）园林绿化工程投标文件编制	1）投标文件主要内容 2）投标文件编制要点	（1）方法：讲授法、案例教学法、讨论法 （2）重点与难点：投标文件、预算书编制要点	4
4. 技术管理和培训	4-1 园林绿化施工管理	4-1-1 能编制园林绿化工程投标文件、预算书	（1）编制园林绿化工程投标文件 （2）编制园林绿化工程预算书	（2）园林绿化工程预算书编制	1）预算书主要内容 2）预算书编制要点	（1）方法：讲授法、案例教学法、讨论法 （2）重点与难点：投标文件、预算书编制要点	4
4. 技术管理和培训	4-1 园林绿化施工管理	4-1-2 能编制非季节施工、盐碱地施工等专项方案	（1）施工情况调查 （2）编制非季节施工专项方案 （3）编制盐碱地施工专项方案	（3）非季节施工专项方案编制	1）非季节施工专项方案主要内容 2）非季节施工专项方案编制要点	（1）方法：讲授法、案例教学法、讨论法 （2）重点与难点：非季节、盐碱地施工专项方案编制要点	4
4. 技术管理和培训	4-1 园林绿化施工管理	4-1-2 能编制非季节施工、盐碱地施工等专项方案	（1）施工情况调查 （2）编制非季节施工专项方案 （3）编制盐碱地施工专项方案	（4）盐碱地施工专项方案编制	1）盐碱地施工专项方案主要内容 2）盐碱地施工专项方案编制要点	（1）方法：讲授法、案例教学法、讨论法 （2）重点与难点：非季节、盐碱地施工专项方案编制要点	4

附录

续表

2.1.5 二级/技师职业技能培训要求				2.2.5 二级/技师职业技能培训课程规范			
职业功能模块（模块）	培训内容（课程）	技能目标	培训细目	学习单元	课程内容	培训建议	课堂学时
4.技术管理和培训	4-1 园林绿化施工管理	4-1-3 能编制施工组织设计方案	（1）施工绿地现状调查和分析 （2）施工组织设计方案文本编制	（5）施工组织设计方案编制	1）编制工程概况 2）施工组织设计方案框架及编制要点 3）编制施工进度计划 4）编制施工准备工作计划 5）绘制施工平面布置图	（1）方法：讲授法、案例教学法、讨论法 （2）重点与难点：施工组织设计方案编制要点	8
	4-2 园林绿化养护管理	4-2-1 能编制绿地整体养护管理方案	（1）绿地现状调查和分析 （2）绿地整体养护管理方案文本编制	（1）绿地整体养护管理方案编制	1）绿地整体养护管理方案编制依据 2）绿地现状调查和分析 3）绿地养护管理要求和标准 4）绿地整体养护管理方案文本编制	（1）方法：讲授法、项目教学法 （2）重点与难点：绿地现状调查和分析，绿地整体养护管理方案文本编制	8
		4-2-2 能进行园林绿化养护物资管理	（1）园林绿化养护物资管理内容 （2）园林绿化养护物资管理方法	（2）园林绿化养护物资管理	1）养护物资管理概念 2）养护物资管理目的和意义 3）养护物资管理的内容 4）养护物资管理的方法	（1）方法：讲授法 （2）重点与难点：养护物资管理的内容和方法	4
		4-2-3 能参与编制园林绿化养护考核方案和改进计划	（1）园林绿化养护考核目标分析和方案编制 （2）编制园林绿化养护改进计划	（3）园林绿化养护考核方案和改进计划编制	1）园林绿化养护考核目标分析 2）编制园林绿化养护考核方案 3）编制园林绿化养护改进计划	（1）方法：讲授法 （2）重点与难点：园林绿化养护考核目标分析、编制园林绿化养护改进计划	4

续表

2.1.5 二级/技师职业技能培训要求				2.2.5 二级/技师职业技能培训课程规范			
职业功能模块（模块）	培训内容（课程）	技能目标	培训细目	学习单元	课程内容	培训建议	课堂学时
4．技术管理和培训	4-3 技术总结和培训	4-3-1 能撰写园林绿化技术工作总结，进行新技术推广和应用	（1）技术工作总结撰写 （2）新技术推广和应用	（1）园林绿化技术工作总结撰写	1）技术工作总结的内容 2）技术工作总结撰写要点	（1）方法：讲授法、演示法、案例教学法 （2）重点与难点：技术总结能力和传授知识技巧	4
				（2）园林绿化新技术推广和应用	1）新技术推广 2）新技术应用		4
		4-3-2 能编制低级别技术工的培训计划，并开展培训	（1）低级别技术工培训需求调查和分析 （2）编制低级别技术工培训计划 （3）培训低级别技术工准备 （4）培训低级别技术工实施 （5）培训低级别技术工总结	（3）低级别技术工培训计划编制	1）培训需求调查和分析 2）培训计划内容 3）培训计划编制要点		4
				（4）低级别技术工培训	1）培训方法 2）培训内容 3）培训准备 4）培训实施 5）培训总结		4
课堂学时合计							168

附录 6 一级/高级技师职业技能培训要求与课程规范对照表

2.1.6 一级/高级技师职业技能培训要求				2.2.6 一级/高级技师职业技能培训课程规范			
职业功能模块（模块）	培训内容（课程）	技能目标	培训细目	学习单元	课程内容	培训建议	课堂学时
1．园林绿化设计和施工	1-1 园林绿化设计应用	1-1-1 能进行园林绿地改建种植设计	（1）合理评价已建成园林绿地 （2）寻找和分析园林绿地存在的问题和产生的原因 （3）针对问题进行园林绿地改建种植设计 （4）绘制园林绿地改建种植设计图	园林绿地改建种植设计	1）园林绿地改建设计依据 2）园林绿地改建设计目标 3）园林绿地改建设计原则 4）园林绿地改建设计方法 5）园林绿地种植设计方法 6）园林绿地改建种植设计标准要求 7）园林绿地改建种植设计文件要求	（1）方法：讲授法、案例教学法、实训法、观摩法 （2）重点与难点：园林绿地改建设计原则、园林绿地改建设计方法	40

附录

续表

2.1.6 一级/高级技师职业技能培训要求				2.2.6 一级/高级技师职业技能培训课程规范			
职业功能模块（模块）	培训内容（课程）	技能目标	培训细目	学习单元	课程内容	培训建议	课堂学时
1. 园林绿化设计和施工	1-2 整地和土壤改良	1-2-1 能编制土壤改良专项方案	(1) 园林绿地土壤现状调查 (2) 土壤改良专项方案文本编制	土壤改良专项方案编制	1) 土壤改良方法	(1) 方法：讲授法、案例教学法、实训法 (2) 重点与难点：土壤改良专项方案内容和编制要点	8
					2) 土壤改良专项方案内容和编制要点		
	1-3 园林绿化施工	1-3-1 能完成园林绿化施工现场组织协调工作，并解决疑难问题	(1) 施工现场组织协调 (2) 施工疑难问题解决	(1) 施工现场组织协调	1) 施工现场组织协调要求	(1) 方法：讲授法、案例教学法 (2) 重点与难点：施工现场组织协调方法	8
					2) 施工现场组织协调方法		
				(2) 施工疑难问题解决	1) 施工常见疑难问题	(1) 方法：讲授法、案例教学法 (2) 重点与难点：施工疑难问题解决方法	8
					2) 施工疑难问题解决方法和案例		
		1-3-2 能调查、整改和监督落实园林绿化施工质量、环境与职业健康安全方面问题	(1) 施工质量问题调查、整改和监督落实 (2) 施工环境问题调查、整改和监督落实 (3) 施工职业健康安全问题调查、整改和监督落实	(3) 施工质量问题调查、整改和监督落实	1) 施工质量问题调查	(1) 方法：讲授法、案例教学法、讨论法 (2) 重点与难点：质量、环境、职业健康安全问题整改	4
					2) 施工质量问题整改		
					3) 施工质量问题整改监督落实		
				(4) 施工环境问题调查、整改和监督落实	1) 施工环境问题调查		4
					2) 施工环境问题整改		
					3) 施工环境问题整改监督落实		
				(5) 施工职业健康安全问题调查、整改和监督落实	1) 施工职业健康安全问题调查		4
					2) 施工职业健康安全问题整改		
					3) 施工职业健康安全问题整改监督落实		

一级／高级技师职业技能培训要求与课程规范对照表

续表

2.1.6 一级／高级技师职业技能培训要求				2.2.6 一级／高级技师职业技能培训课程规范			
职业功能模块（模块）	培训内容（课程）	技能目标	培训细目	学习单元	课程内容	培训建议	课堂学时
1. 园林绿化设计和施工	1-3 园林绿化施工	1-3-3 能完成园林绿化工程竣工移交	（1）工程竣工移交准备 （2）工程竣工移交实施	（6）工程竣工移交	1）工程竣工移交内容和要求 2）工程竣工移交准备和实施	（1）方法：讲授法、案例教学法 （2）重点与难点：工程竣工移交内容	4
2. 园林绿化养护	2-1 修剪	2-1-1 能编制苗木造型修剪技术方案 2-1-2 能编制乔木、灌木类圃苗整形修剪方案	编制苗木造型修剪技术方案 （1）编制乔木类圃苗整形修剪方案 （2）编制灌木类圃苗整形修剪方案	修剪技术方案编制	1）编制苗木造型修剪技术方案 2）编制乔木类圃苗整形修剪技术方案 3）编制灌木类圃苗整形修剪技术方案	（1）方法：讲授法、演示法、实训法 （2）重点与难点：修剪技术方案编制要点	24
	2-2 树木和古树名木保护与复壮	2-2-1 能编制古树名木复壮抢救方案	（1）古树名木生长情况调查 （2）古树名木生长问题判断 （3）古树名木复壮抢救方案文本编制	古树名木复壮抢救方案编制	1）古树名木生长情况调查和问题判断 2）古树名木复壮抢救条件分析 3）古树名木复壮抢救方案文本编制	（1）方法：讲授法、案例教学法、实训法 （2）重点与难点：古树名木复壮抢救措施	8
	2-3 防灾减灾和树木补植	2-3-1 能编制绿地防灾减灾综合应急预案	（1）灾害情况调查 （2）灾害情况资料收集 （3）绿地防灾减灾综合应急预案文本编制	防灾减灾综合应急预案编制	1）灾害情况调查和资料收集 2）灾害风险评估 3）应急预案编制要点	（1）方法：讲授法、案例教学法 （2）重点与难点：灾害风险评估、应急预案编制要点	4

附录

续表

2.1.6 一级/高级技师职业技能培训要求				2.2.6 一级/高级技师职业技能培训课程规范			
职业功能模块（模块）	培训内容（课程）	技能目标	培训细目	学习单元	课程内容	培训建议	课堂学时
3. 技术管理和培训	3-1 园林绿化施工管理	3-1-1 能参与园林绿化工程合同编制	（1）园林绿化工程情况分析 （2）园林绿化工程合同文本编制	（1）园林绿化工程合同编制	1）主要内容	（1）方法：讲授法、案例教学法、讨论法 （2）重点与难点：园林绿化工程施工方案、施工进度计划、施工验收文件、施工小结等编制要点	4
					2）编制要点		
		3-1-2 能编制特殊条件下园林绿化施工方案	（1）施工绿地情况调查和分析 （2）特殊条件下园林绿化施工方案文本编制	（2）特殊条件下园林绿化施工方案编制	1）主要内容		4
					2）编制要点		
		3-1-3 能进行园林绿化施工进度计划、资源需求计划和作业计划编制	（1）编制园林绿化施工进度计划 （2）编制园林绿化施工资源需求计划 （3）编制园林绿化施工作业计划	（3）园林绿化施工进度计划编制	1）主要内容		4
					2）编制要点		
				（4）园林绿化施工资源需求计划编制	1）主要内容		4
					2）编制要点		
				（5）园林绿化施工作业计划编制	1）主要内容		4
					2）编制要点		
		3-1-4 能进行园林绿化施工验收文件和施工小结编制	（1）编制园林绿化施工验收文件 （2）编制园林绿化施工小结	（6）园林绿化施工验收文件编制	1）主要内容		4
					2）编制要点		
				（7）园林绿化施工小结编制	1）主要内容		4
					2）编制要点		
	3-2 园林绿化养护管理	3-2-1 能完成绿化养护年度总结和专项总结	（1）编写绿化养护年度总结 （2）编写绿化养护专项总结	（1）绿化养护年度总结和专项总结	1）编写绿化养护年度总结	（1）方法：讲授法、演示法、实训法 （2）重点与难点：绿化养护年度总结和专项总结的区别、编写要点	4
					2）编写绿化养护专项总结		
		3-2-2 能编制绿化养护技术方案	（1）绿地养护技术现状分析 （2）绿化养护技术方案文本编制	（2）绿化养护技术方案编制	1）编制目的和依据	（1）方法：讲授法、演示法、案例教学法 （2）重点与难点：编制要点	4
					2）编制要点		

续表

2.1.6 一级/高级技师职业技能培训要求					2.2.6 一级/高级技师职业技能培训课程规范			
职业功能模块（模块）	培训内容（课程）	技能目标	培训细目	学习单元	课程内容	培训建议	课堂学时
3. 技术管理和培训	3-2 园林绿化养护管理	3-2-3 能分析绿化养护典型案例，并编制解决方案	(1) 绿化养护典型案例分析 (2) 编制绿化养护典型案例解决方案	(3) 绿化养护典型案例及其问题解决方案编制	1) 养护技术和管理案例素材搜集 2) 养护技术和管理案例典型性分析 3) 养护技术和管理案例 4) 养护技术和管理问题分析 5) 养护技术和管理问题解决方案编制要点	(1) 方法：讲授法、案例教学法、讨论法 (2) 重点与难点：养护技术和管理案例典型性分析、问题分析	8
		3-2-4 能管理绿化养护成本	(1) 绿化养护成本分析 (2) 绿化养护成本控制 (3) 绿化养护成本核算	(4) 绿化养护成本管理	1) 绿化养护成本组成 2) 绿化养护成本分析 3) 绿化养护成本控制（事前、事中、事后） 4) 绿化养护成本核算	(1) 方法：讲授法、案例教学法 (2) 重点与难点：绿化养护成本分析和控制	4
	3-3 技术总结和培训	3-3-1 能进行技术培训需求分析，并编写技术培训资料	(1) 技术培训需求分析 (2) 编写技术培训资料	(1) 技术培训资料编写	1) 技术培训需求分析 2) 技术培训资料内容 3) 技术培训资料编写要点	(1) 方法：讲授法、案例教学法、实训法 (2) 重点与难点：技术研究和创新能力	12
		3-3-2 能开展技术革新与创造，形成技术小结或论文	(1) 技术革新与创造 (2) 撰写技术小结或论文	(2) 技术革新与创造	1) 技术革新 2) 技术创造		
				(3) 技术小结或论文撰写	1) 技术小结或论文撰写内容 2) 技术小结或论文撰写要点		
课堂学时合计							176